水产科学国家级实验教学示范中心——水产类实验系列教材

水生生物学实验指导

王丽卿　主编

U0232361

科学出版社

北　京

内 容 简 介

本书根据水生生物学课程教学内容编排了 27 个实验,内容包括常见水生生物类群如浮游植物、水生维管束植物、浮游动物和底栖动物等的形态识别与种类鉴定,还包括了水域生态学研究中常规的水生生物调查方法,突出了水生生物学课程注重形态分类能力培养的特点,同时加强了对学生水生生物野外调查基本方法与技能的培养。

本书可作为农林院校、综合性院校等开设水产养殖、水族科学与技术、生物科学、环境科学等相关专业的实验教材,也可供与水生生物学相关的研究生、教师和科研人员参考使用。

图书在版编目(CIP)数据

水生生物学实验指导 / 王丽卿主编. — 北京:科学出版社,2014.7
水产科学国家级实验教学示范中心水产类实验系列教材
ISBN 978 - 7 - 03 - 041067 - 2

Ⅰ. ①水… Ⅱ. ①王… Ⅲ. ①水生生物学-实验-高等学校-教材 Ⅳ. ①Q17 - 33

中国版本图书馆 CIP 数据核字(2014)第 125045 号

责任编辑:朱 灵 / 封面设计:殷 靓
责任印制:黄晓鸣

科 学 出 版 社 出版
北京东黄城根北街 16 号
邮政编码:100717
http://www.sciencep.com

南京展望文化发展有限公司排版
广东虎彩云印刷有限公司印刷
科学出版社发行 各地新华书店经销

*

2014 年 7 月第 一 版 开本:787×1092 1/16
2024 年 7 月第二十六次印刷 印张:9 1/2
字数:220 000

定价:36.00 元

《水生生物学实验指导》编委会

主　编　王丽卿

副主编　张瑞雷　张　玮

编　委　（按姓氏笔画排序）

王丽卿　张　玮　张瑞雷

范志锋　季高华　潘宏博

前　言

随着我国经济的快速发展,环境污染问题日趋严重,水生态环境遭到严重破坏,水环境面临有机污染和富营养化问题。我国大规模的水污染防治已在淮河、太湖、巢湖、滇池、海河、辽河等流域全面展开并取得了不错的成果。近期我国水利部也开始组织实施河湖水生态系统的健康评估。水生生物是水生态系统的重要组成部分,水生生物学是国内许多农林院校、综合性院校等水产养殖、水族科学与技术、生物科学、环境科学等相关专业的必修课。

本实验教材结合水生生物学教学的内容与目标,分为教学实验和水生生物调查方法两章,附录部分介绍了浮游生物的显微观测方法,水生生物常见采样器具和生物检索表。在教学实验一章,设置了6个浮游植物实验,1个水生维管束植物实验,4个浮游动物实验,9个底栖动物实验。通过这些实验,使学生掌握水生生物形态分类的基础知识和基本理论、常用分类系统,训练学生水生生物分类鉴定的基本能力和技术。水生生物调查方法一章设置了7个实验。通过教学实践使学生初步掌握一般水生生物的调查方法,学会水生生物标本的采集、固定和鉴定方法。

本书编者长期从事水生生物的教学与科研工作,本书汇集了相关的研究成果和经验。尽管编者广泛地收集了国内外最新研究资料,认真编纂,但由于水平有限,错误在所难免,恳请广大读者批评指正,在此表示感谢。

编　者

2014 年 5 月

目　录

第 1 章　教学实验

实验 1　蓝藻门常见属种的形态特征

【实验目的】

1. 掌握蓝藻门的主要形态特征。
2. 认识蓝藻门中的常见属种。

【实验材料】

色球藻属、平裂藻属、微囊藻属、颤藻属、螺旋藻属、席藻属、鱼腥藻属、项圈藻属、念珠藻属等标本。

【实验用具】

显微镜、盖玻片、载玻片、滴管、纱布、擦镜纸等。

【实验步骤】

将样品摇匀,用滴管从标本瓶里取少量样品滴于干净的载玻片上,盖上盖玻片,制成临时装片,在显微镜下观察。

注意样品不宜取太多,以免影响观察,盖盖玻片时不要形成气泡,观察时先用低倍镜找到观察对象,再转到高倍镜下仔细观察形态构造。

【实验内容】

1. 色球藻属 *Chroococcus*

植物体多为由 2 个、4 个、6 个或更多个细胞组成的群体。群体中两个细胞相连处平直。群体内细胞球形或半球形,原生质体均匀或具颗粒,假空泡有或无。个体细胞胶被均匀或分层;群体胶被较厚,均匀或分层,透明无色或黄褐色。注意观察细胞内有无假空泡及个体细胞和群体外的胶被,本属种类个体较小,需要在高倍镜下观察。见图 1-1。

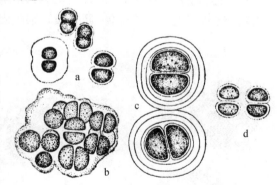

图 1-1　色球藻属 *Chroococcus*（引自胡鸿钧等,1980）

a. 小型色球藻 *C. minor*; b. 湖沼色球藻 *C. limneticus*;
c. 束缚色球藻 *C. tenax*; d. 微小色球藻 *C. minutus*

2. 平裂藻属 *Merismopedia*

植物体由一层细胞有规则地排列成平板状群体。通常细胞两两成对,两对成一组,四组形成一小群。细胞球形或椭圆形;内含物均匀或具微小颗粒,少数种具假空泡,呈淡蓝绿色至亮绿色,少数玫瑰色或紫色。群体胶被无色,透明而柔软;个体胶被不明显。本属种类个体大多微小,需在高倍镜下观察。见图 1-2。

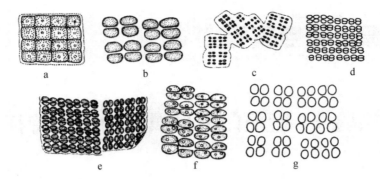

图 1-2　平裂藻属 *Merismopedia*（引自朱浩然，2007；梁象秋等，1996；赵文，2005）

a. 中华平裂藻 *M. sinica*；b. 优美平裂藻 *M. elegans*；c. 细小平裂藻 *M. minima*；

d. 微小平裂藻 *M. tenuissima*；e. 旋折平裂藻 *M. convoluta*；

f. 银灰平裂藻 *M. glauca*；g. 点形平裂藻 *M. punctata*

3. 微囊藻属 *Microcystis*

植物体为多细胞群体。群体中细胞数目极多，紧密无规则地排列成球形、不规则形或穿孔状。细胞呈淡蓝色、亮蓝绿色、橄榄绿色，常有假空泡。群体胶被明显，均匀无色，有的群体胶被不明显；无个体胶被。注意观察群体胶被的情况，细胞内有无假空泡和标本在标本瓶中的状况。见图 1-3。

4. 颤藻属 *Oscillatoria*

植物体为多个细胞组成的不分枝丝状体，或由许多藻丝组成皮壳状或块状的藻块，无鞘或罕见极薄的鞘。藻丝直或扭曲，横壁收缢或不收缢，顶端细胞多样，末端增厚或具帽状体。细胞短柱状或盘状，内含物均匀或具颗粒，少数具假空泡，无异形胞和厚壁孢。注意观察丝状体上有无段殖体（藻殖段），细胞内有无假空泡。见图 1-4。

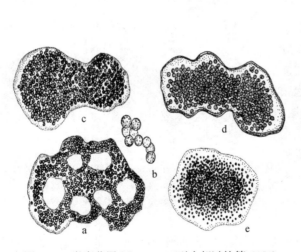

图 1-3　微囊藻属 *Microcystis*（引自胡鸿钧等，1980）

a，b. 铜绿微囊藻 *M. aeruginosa*；c. 水华微囊藻 *M. fles-aquae*；d. 具缘微囊藻 *M. marginata*；

e. 不定微囊藻 *M. incerta*

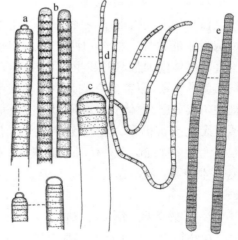

图 1-4　颤藻属 *Oscillatoria*（引自朱浩然，2007）

a. 头冠颤藻 *Oscillatoria sancta*；b. 小颤藻 *O. tenuis*；

c. 小颤藻亚洲变种 *O. tenuis* var. *asiatica*；

d. 柔细颤藻 *O. subtilissima*；e. 岩栖颤藻 *O. rupicola*

5. 螺旋藻属 *Spirulina*

植物体为单细胞或由多细胞组成的不分枝丝状体。丝状体圆柱形,呈疏松或紧密的有规则的螺旋形弯曲,细胞间隔明显或不明显,顶端细胞钝圆,无帽状结构。外壁不增厚,内含物均匀或有颗粒。无异形胞、厚壁胞、胶鞘。见图 1-5。

6. 席藻属 *Phormidium*

植物体胶状或皮状,由许多藻丝组成,着生或漂浮;丝状体不分枝,直或弯曲;藻丝具鞘,有时略硬,彼此粘连,有时部分融合,薄而无色,不分层;藻丝能动,圆柱形,横壁收缢或不收缢,末端细胞呈头状或不呈头状,细胞内不具气囊;繁殖形成藻殖段。见图 1-6。

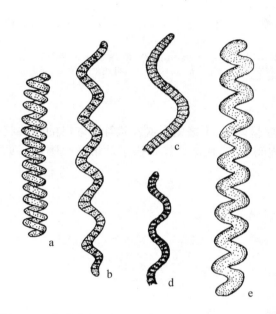

图 1-5　螺旋藻属 *Spirulina*(引自胡鸿钧等,1980)

a. 大螺旋藻 *S. major*;b. 极大螺旋藻 *S. maxima*;c. 钝顶螺旋藻 *S. platensis*;d. 方胞螺旋藻 *S. jenneri*;e. 为首螺旋藻 *S. princeps*

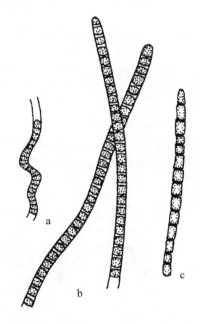

图 1-6　席藻属 *Phormidium*(引自胡鸿钧等,1980)

a. 纸形席藻 *P. papyraceum*;b. 窝形席藻 *P. foveolarum*;c. 小席藻 *P. tenue*

7. 鱼腥藻属 *Anabaena*

植物体为由念珠状细胞构成的不分枝丝状体、不定形胶质块或柔软膜状。藻丝等宽或末端尖,呈直或不规则的螺旋形弯曲;细胞球形、桶形;无胶鞘,异形胞常间生,厚壁孢子一个或排列成小链,远离异形胞或与异形胞直接相连。注意观察异形胞和厚壁孢子在丝状体上的位置及相互关系。见图 1-7。

8. 项圈藻属 *Anabaenopsis*

丝状体单一,螺旋形弯曲或环形弯曲(仅一种 *A. lssatschenkois* 连成黏质群体),直形较少。无明显衣鞘。异形胞端生(仅具一个极节球),罕有间生。在藻丝上产生新生异形胞,由营养细胞分裂成两个细胞所形成,它们总是成对的,暂时间位,到成熟时藻丝在两异形胞处断裂,形成两新生藻丝,异形胞端位。厚壁孢子间生,与异形胞无规律性联系。见图 1-8。

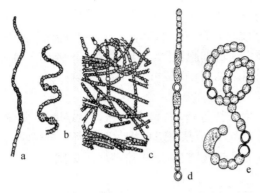

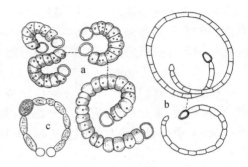

图 1-7　鱼腥藻属 Anabaena（引自梁象秋等，1996；赵文，2005）

a. 多变鱼腥藻 A. variabilis；b. 螺旋鱼腥藻 A. spiroides；c. 固氮鱼腥藻 A. azotica；d. 类颤藻鱼腥藻 A. oscillarioides；e. 卷曲鱼腥藻 A. circinalis

图 1-8　项圈藻 Anabaenopsis（引自朱浩然，2007）

a. 环圈项圈藻 A. Circularis；b. 鲜明项圈藻 A. tanganyikae；c. 叶氏项圈藻 A. elenkini

9. 念珠藻属 Nostoc

植物体为胶状、革质的定形群体。群体呈球形、不规则形或发状等。浓厚的公共胶被中充满了许多类似鱼腥藻的藻丝。异形胞间生，常成串。厚壁孢子球形或长圆形。见图 1-9。

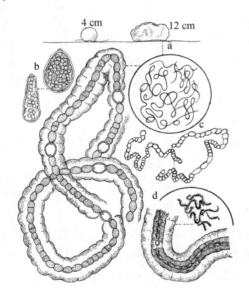

图 1-9　念珠藻 Nostoc（引自朱浩然，2007）

a. 地木耳 N. commune；b. 点形念珠藻褐色变种 N. punctiforme var. fuscescens；c. 植内念珠藻 N. entophytum；d. 西藏念珠藻 N. tibeticum

【作业】

1. 名词解释：胶被、异形胞、伪空泡、厚壁孢子。

2. 蓝藻门的主要形态特征是什么？

3. 从实验材料中任选四个属的种类绘图。

实验 2 硅藻门常见属种的形态特征

【实验目的】

1. 通过观察进一步认识硅藻细胞的三轴三面及细胞壁的间生带、隔片、壳缝(纵沟)、细胞表面纹饰和突出物等形态构造。

2. 掌握硅藻门分类方法及常见纲、目的特征,认识常见属种。

【实验材料】

直链藻属、骨条藻属、圆筛藻属、小环藻属、根管藻属、角毛藻属、双尾藻属、针杆藻属、舟形藻属、羽纹藻属、桥弯藻属、异极藻属、菱形藻属、双菱藻属等标本。

【实验用具】

显微镜、盖玻片、载玻片、滴管、纱布、解剖针、擦镜纸等。

【实验步骤】

将样品摇匀,用滴管从标本瓶里取少量样品滴于干净的载玻片上,盖上盖玻片,制成临时装片,在显微镜下观察。一边观察一边用解剖针轻轻推动或拨动盖玻片,以观察硅藻标本的不同面(环面、壳面),提高识别标本的能力和准确性。

【实验内容】

1. 直链藻属 Melosira

细胞圆球形或圆柱形,由壳面相连成链状或念珠状。壳面圆形,细胞通常很厚,有细点纹或孔纹。有的种类的相连带上有一线形的环状缢缩,称环沟或横沟,两细胞之间的沟状缢入部称假环沟。有的种类壳面具棘或刺,有的种类具龙骨突。见图 2-1。

2. 骨条藻属 Skeletonema

细胞透镜形或圆柱形,壳面圆而鼓,着生一圈细长的刺,与邻细胞的对应刺相接组成长链,刺内有细管。细胞间隙或长或短,参差不齐。壳套上的细纹平行于壳环轴。壳面点纹极细微,不易看到。色素体 1~10 个。细胞核在细胞中央。见图 2-2。

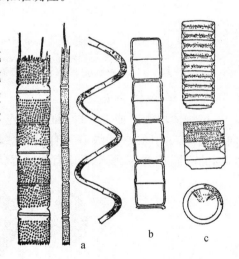

图 2-1 直链藻属 Melosira(引自赵文,2005)

a. 颗粒直链藻 M. granulata;b. 变异直链藻 M. varians;c. 具槽直链藻 M. sulcala

3. 圆筛藻属 Coscinodiscus

细胞多呈圆盘状,壳面圆形(少数椭圆形),孔纹一般为六角形,排成辐射型、束型或线型。孔纹在壳面正中心,有时特别粗大,称为中央玫瑰区;正中心有时有小块的无纹区,称为裂缝,面积较大时称为中央无纹区。壳围部分称为外围,最外围孔纹之间常有小刺,有时还有真孔,能分泌胶质,使细胞附着。带面柱形或楔形。见图 2-3。

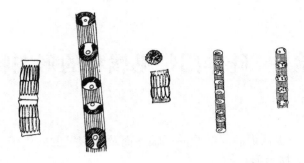

图 2-2　骨条藻属 *Skeletonema*（引自金德祥等，1965）

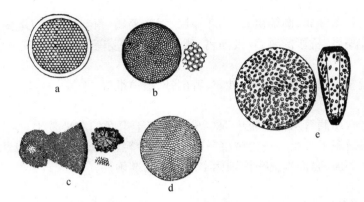

图 2-3　圆筛藻属 *Coscinodiscus*（引自金德祥等，1965；赵文，2005）

a. 线形圆筛藻 *C. lineatus*；b. 辐射圆筛藻 *C. radiatus*；c. 星脐圆筛藻
C. asterromphalus；d. 偏心圆筛藻 *C. excentricus*；e. 格氏圆筛藻 *C. granii*

4. 小环藻属 *Cyclotella*

植物体单细胞或 2～3 个细胞相连。细胞圆盘形，壳面花纹分外围和中央区，外围有向中央伸入的肋纹，肋纹有宽有窄，少数呈点条状。中央区或大或小，平滑无纹或具向心排列的不同花纹，壳面平直或有波状起伏，或中央部分向外鼓起。见图 2-4。

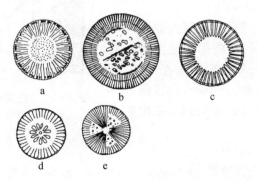

图 2-4　小环藻属 *Cyclotella*（引自金德祥等，1965；胡鸿钧等，2006）

a. 扭曲小环藻 *C. comta*；b. 条纹小环藻 *C. triata*；c. 梅尼小环藻 *C. meneghiniana*；
d. 具星小环藻 *C. stelligera*；e. 科曼小环藻 *C. comensis*

5. 根管藻属 *Rhizosolenia*

植物体为单细胞或链状群体,链直或弯曲,或呈螺旋状排列。细胞长圆柱形,直或略弯,断面呈椭圆形至圆形。壳面扁平、略凸或十分伸长而呈圆锥形突起。突端在壳的中央或偏向一边,末端具刺,刺常伸入邻胞而连成群体,少数种类突端无刺。壳环面长,节间带呈环形、半环形或鳞片状。细胞壁薄,壁上有点纹,排列规则。见图 2-5。

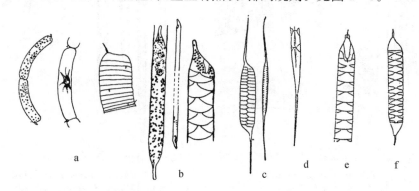

图 2-5　根管藻属 *Rhizosolenia*(引自金德祥等,1965)

a. 托根管藻 *R. stolterfothii*;b. 翼根管藻 *R. alata*;c. 长刺根管藻 *R. longiseta*;
d. 刚毛根管藻 *R. setigera*;e. 笔尖根管藻 *R. styliformis*;f. 距端根管藻 *R. calcaravis*

6. 角毛藻属 *Chaetoceros*

植物体为链状群体,少数单细胞。细胞呈扁椭圆形,常以角毛与邻细胞角毛交接成链,或靠壳面相互连接成链。壳面椭圆形,壳环面为方形。色素体 1~2 个或多个,分布于细胞内或粗大的角毛中。仔细观察标本中有无休眠孢子及其形态结构。见图 2-6。

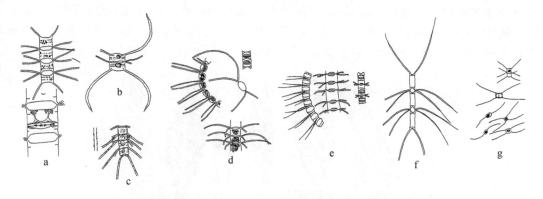

图 2-6　角毛藻属 *Chaetoceros*(引自郑重等,1984;赵文,2005)

a. 洛氏角毛藻 *C. lorenzianas*;b. 窄隙角毛藻 *C. affinis*;c. 密联角毛藻 *C. densus*;d. 旋链角毛藻 *C. curviseyus*;
e. 假弯角毛藻 *C. pseudocurvisetus*;f. 垂缘角毛藻 *C. laciniosus*;g. 牟勒角毛藻 *C. muelleri*

7. 双尾藻属 *Ditylum*

单细胞,呈三角形、柱形、四角柱形或圆柱形。壳面中央有一条粗直、中空的长刺,与贯壳轴平行。有的种类在壳面四周有许多小刺。壳环面的长短随间生带多少而改变。细胞壁薄,花纹不明显。见图 2-7。

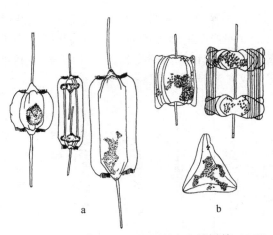

图2-7　双尾藻属 *Ditylum*(引自金德祥等,1965)
a. 布氏双尾藻 *D. brightwellii*；
b. 太阳双尾藻 *D. sol*

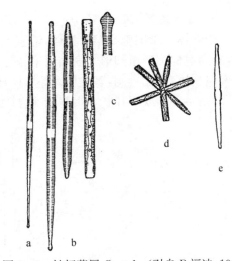

图2-8　针杆藻属 *Synedra*(引自 B 福迪,1980)
a. 尖针杆藻 *S. acus*；b. 尺骨针杆藻属 *S. ulna*；
c. 头状针杆藻属 *S. capitata*；d. 柏洛林针杆藻属
S. berolineesis；e. 尾针杆藻属 *S. rumpens*

8. 针杆藻属 *Synedra*

植物体单个或为放射状、扇状群体。细胞长线形,壳面线形、披针形或针形,通常直,中部至两端渐窄,或等宽,末端呈头状。壳面中央常有方形或长方形的无纹区,具假壳缝,假壳缝两侧具横线纹或点纹。壳环面长方形,末端截形,具明显的线纹。色素体带状,位于细胞的两侧,片状,2个,每个色素体常具三到多个蛋白核。见图2-8。

9. 舟形藻属 *Navicula*

植物体单细胞。细胞三轴对称,壳体舟形,壳面线形、披针形、椭圆形或菱形,末端头状或钝圆。中轴区狭窄,壳缝发达,具中央节和极节,壳面具横线纹、布纹或窗孔纹。壳环面长方形,平滑。色素体片状或带状,多为2个,位于细胞两侧。见图2-9。

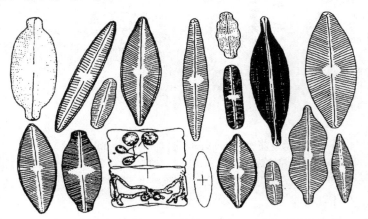

图2-9　舟形藻属 *Navicula*(引自朱蕙忠等,2000；金德祥等,1965)

10. 羽纹藻属 *Pinnularia*

植物体为单细胞或丝状群体,上下左右均对称；壳面线形、椭圆形、披针形,线形披针形或椭圆披针形,两侧平行,少数种类两侧中部膨大或呈对称的波状,两端头状或喙状,末端钝圆;中轴区狭线形、宽线形或宽披针形,有些种类的中轴区超过壳面宽度的三分之一,中央区圆形、椭圆形、菱形、横矩形等,具中央节和极节;壳缝发达,直或弯曲;带面长方形,无间生带和隔片;色素体片状、大,2 个,各具一个蛋白核。见图 2-10。

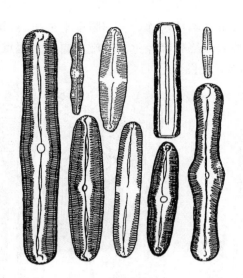

图 2-10　羽纹藻属 *Pinnularia*（引自朱蕙忠等,2000）

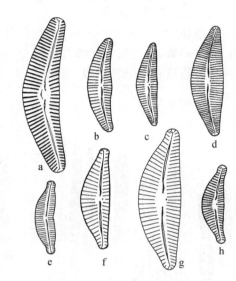

图 2-11　桥弯藻属 *Cymbella*（引自施之新,2013）
a. 斯特隆桥弯藻 *C. strontiana*；b～c. 微细桥弯藻 *C. parva*(其中 b 为初期细胞,c 为中期细胞)；d. 膨胀形桥弯藻 *C. turgiduliformis*；e～g. 切断桥弯藻 *C. excise*；
　　h. 切断桥弯藻近头状变种 *C. excisa* var. *subcapitata*

11. 桥弯藻属 *Cymbella*

植物体单个或以胶质柄附着在他物上或位于胶质管中。壳面纵轴两侧(纵轴)不对称,呈半月形或近舟形。壳缝偏于腹侧,直或弧形弯曲,中轴区和中心区明显。点条纹常略呈放射状排列。壳面扁平,壳环面两侧近平行。色素体 1 个,板状。见图 2-11。

12. 异极藻属 *Gomphonema*

细胞常在分枝胶质柄上,营固着生活。壳面披针形或棒状,两端(横轴)不对称,上端比下端宽。中轴区狭、直。壳环面多成楔形,末端截形。色素体 1 个,片状,侧生。注意观察壳缝、中央节、极节及壳面花纹的排列情况。见图 2-12。

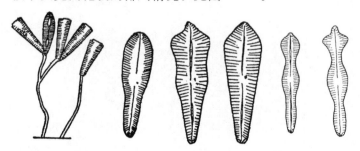

图 2-12　异极藻属 *Gomphonema*（引自朱蕙忠等,2000）

13. 菱形藻属 *Nitzschia*

植物体多为单细胞,或形成带状或星状的群体,或生活在分枝或不分枝的胶质管中,浮游或附着;细胞菱形、茧形、"S"形或线形。管壳缝内壁龙骨点明显,上下龙骨突起,彼此交叉相对。壳面具横线纹或横列点纹,壳环面成菱形。色素体侧生、带状。见图2-13。

14. 双菱藻属 *Surirella*

细胞单独生活。壳面卵圆形,一般左右对称,也有不甚对称者。细胞扁平或扭转,每壳有管纵沟一条,在壳缘翼状的龙骨突上,由壳的一端绕壳缘经过另一端而再回到起点。因此每壳虽然只有一条管纵沟,但在壳的两侧都有。见图2-14。

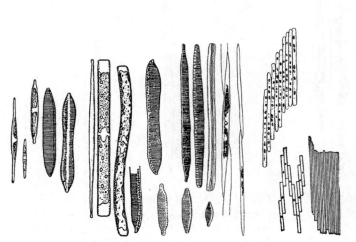

图2-13 菱形藻属 *Nitzschia*(引自赵文,2005)

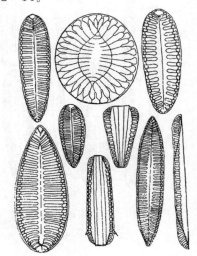

图2-14 双菱藻属 *Surirella*
(引自胡鸿钧等,1980)

【作业】

1. 如何判断硅藻细胞的壳面和壳环面?

2. 从实验材料中任选五个属的种类绘图。

3. 以实验中的观察标本为例,编制羽纹纲常见属的检索表。

实验3 金藻门、黄藻门、隐藻门 常见属种的形态特征

【实验目的】

1. 掌握金藻门、黄藻门和隐藻门的主要形态结构特征,认识常见属种。
2. 通过观察进一步理解囊壳、"H"形节片的概念。

【实验材料】

单鞭金藻属、锥囊藻属、三毛金藻属、黄群藻属、黄丝藻属、隐藻属、蓝隐藻属等标本。

【实验用具】

显微镜、盖玻片、载玻片、滴管、纱布、擦镜纸等。

【实验步骤】

将样品摇匀,用滴管从标本瓶里取少量样品滴于干净的载玻片上,盖上盖玻片,制成临时装片,在显微镜下观察。注意样品不宜取太多,以免影响观察,盖盖玻片时不要形成气泡,观察时先用低倍镜找到观察对象,再转高倍镜仔细观察形态构造。

【实验内容】

1. 单鞭金藻属 *Chromulina*

细胞球形至纺锤形,裸露且可变形。色素体片状,1～2个,有2个色素体的种类,色素体位于细胞两侧。细胞核1个,其位置在细胞前端、中部或后端。有的种类具一个红色眼点。细胞后端常有一大的白糖体。见图3-1。

2. 锥囊藻属 *Dinobryor*

多为树枝状群体,少数为不分枝群体或单细胞。细胞具圆锥形、钟形或圆柱形的囊壳。囊壳前端开口,原生质体纺锤形、圆锥形或卵形,前端具2条不等长鞭毛,长的一条伸至囊壳开口外。基部以细胞质短柄附着于囊壳底部。眼点1个,伸缩泡一至多个,色素体1～2个。见图3-2。

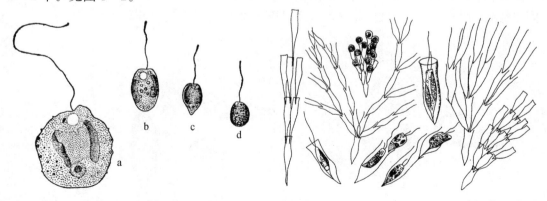

图3-1 单鞭金藻属 *Chromulina*(引自胡鸿钧等,1980)
    a. 变形单鞭金藻 *C. mutabilis*；
    b～d. 卵形单鞭金藻 *C. mutabilis*

图3-2 锥囊藻属 *Dinobryor*(引自梁象秋等,1996)

3. 三毛金藻属 *Prymnesium*

植物体为单细胞,具 3 条鞭毛,其中两侧的鞭毛长,中间的一条短(为类似鞭毛的固着丝体),具有附着的作用。细胞后端有大的球状白糖体。色素体 2 个,片状、侧生。见图3-3。

4. 黄群藻属 *Synura*

藻体为球形或长卵形群体,无胶被。细胞梨形或椭圆形,具有 2 条等长鞭毛,后端延长为一个胶柄,互相联结成放射状排列的群体,细胞表质覆盖有许多圆形具有短刺的硅质鳞片,色素体 2 个,片状,周生。见图 3-4。

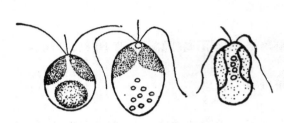

图 3-3　小三毛金藻 *P. parvum*
（引自何志辉等,2001）

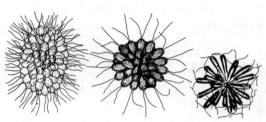

图 3-4　黄群藻属 *Synura*（引自梁象秋等,1996）

图 3-5　黄丝藻属 *Tribonema*（引自胡鸿钧等,1980）

5. 黄丝藻属 *Tribonema*

植物体为单列细胞组成的不分枝丝状体。细胞圆柱形或腰鼓形,长为宽的 2~5 倍。细胞壁由"H"形节片套合组成(区别于直链藻)。色素体盘状或带状,二至多个。储藏物质为油滴或白糖素,区别于绿藻门的微孢藻属 *Microspora*,后者为淀粉。见图3-5。

6. 隐藻属 *Cryptomonas*

植物体为单细胞。细胞为椭圆形或圆锥形等,前端斜截形。背侧隆起,腹侧平或略为凹入,腹侧有纵沟和口沟。鞭毛 2 条,略不等长,自口沟伸出。色素体通常 2 个,位于背侧、腹侧或细胞两侧,黄绿色、黄褐色。蛋白核有或无。见图 3-6 和图 3-7。

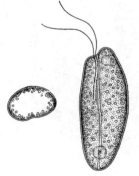

图 3-6　卵形隐藻 *C. ovata*
（引自胡鸿钧等,1980）

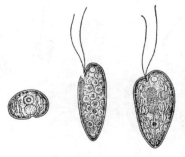

图 3-7　啮蚀隐藻 *C. erosa*
（引自胡鸿钧等,1980）

7. 蓝隐藻属 *Chroomonas*

细胞长卵形、椭圆形、近球形、圆柱形或纺锤形。前端斜截或平直,先端钝圆或渐尖,背腹扁平,2 条鞭毛不等长。纵沟或口沟常不明显。色素体多为 1 个,也有 2 个的,盘状,边缘常具浅缺刻,周生,呈蓝色至蓝绿色。细胞核 1 个,位于细胞下半部。见图 3-8。

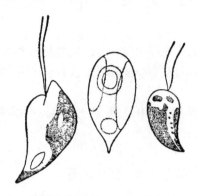

图 3-8　尖尾蓝隐藻 *C. acuta*（引自赵文,2005）

【作业】

1. 名词解释：囊壳、"H"形节片。
2. 从实验材料中任选四个属的种类绘图。

实验 4 裸藻门、甲藻门常见属种的形态特征

【实验目的】

1. 掌握裸藻门、甲藻门的形态结构特点，识别常见种类。
2. 通过观察进一步掌握甲藻门的形态结构及口沟、(甲藻)板式等概念。

【实验材料】

裸藻属、扁裸藻属、囊裸藻属、原甲藻属、夜光藻属、裸甲藻属、多甲藻属、角藻属、亚历山大藻属等标本。

【实验用具】

显微镜、盖玻片、载玻片、滴管、纱布、擦镜纸等。

【实验步骤】

将样品摇匀，用滴管从标本瓶里取少量样品滴于干净的载玻片上，盖上盖玻片，制成临时装片，在显微镜下观察。

【实验内容】

1. 裸藻属 *Euglena*

细胞以纺锤形为主，或圆柱形、圆形，后端多少延伸成尾状。细胞前端有 1 根鞭毛，有 1 个红色眼点。多数种类表质柔软、形状易变，少数种类形状稳定，表质具螺旋状排列的线纹或颗粒。色素体绿色一至多个，呈盘状、片状、带状或星状；少数种类无色，或具有裸藻红素，使细胞呈血红色。注意比较活体和收缩个体在形态上的区别，仔细观察和识别裸藻淀粉及其他特点。见图 4-1。

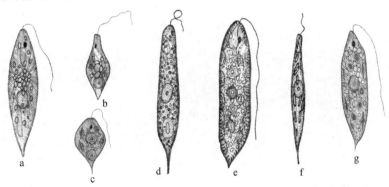

图 4-1 裸藻属 *Euglena*(引自施之新，1999)

a~b. 绿色裸藻 *E. viridis*；c. 棒形裸藻 *E. clavata*；d. 尖尾裸藻 *E. oxyuris*；
e. 血红裸藻 *E. sanguinea*；f. 梭形裸藻 *E. acus*；g. 多形裸藻 *E. polymorpha*

2. 扁裸藻属 *Phacus*

细胞表质硬，形状固定，扁平。正面观一般呈圆形、卵形或椭圆形，有的螺旋状扭转。顶端具纵沟，后端多呈尾状。鞭毛 1 条，眼点 1 个，橘红色。表质具纵向或螺旋形排列的线纹、

点纹或颗粒。裸藻淀粉较大,为环形、假环形或线轴形等,常具一至多个。见图 4-2。

3. 囊裸藻属 *Trachelomonas*

植物体为单细胞。细胞外具囊壳,囊壳球形、椭圆形、圆柱形或纺锤形等;表面光滑或具点纹、孔纹或颗粒、棘刺等花纹;呈黄色、橙黄色或褐色,透明或不透明;前端具一圆形鞭毛孔,鞭毛由此伸出壳外,原生质体形态与裸藻属相似。观察时要特别注意鞭毛孔壳口的情况及囊壳领部与壳体界限是否明显。见图 4-3。

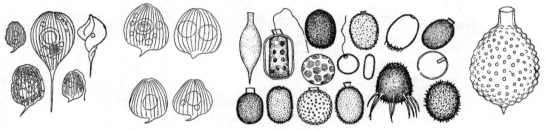

图 4-2　扁裸藻属 *Phacus*
（引自胡鸿钧等,1980）

图 4-3　囊裸藻属 *Trachelomonas*
（引自胡鸿钧等,1980）

4. 原甲藻属 *Prorocentrum*

细胞卵形或略呈心形,左右侧扁。鞭毛 2 条,自细胞前端两半壳之间伸出。在鞭毛孔旁两半壳之间或在一个壳上,有一齿状突起（顶刺）。壳面上除纵裂线两侧外,布满孔状纹。鞭毛基部有一细胞核或 1~2 个液泡。色素体 2 个,片状侧生或者粒状。见图 4-4。

5. 夜光藻属 *Noctiluca*

植物体为单细胞。细胞球形或肾形,个体大,长达 2 mm,肉眼可见。纵沟很深,与口沟相通,末端生一触手,鞭毛退化。细胞中央有一大液泡。原生质浓集于口沟附近,呈黄色,原生质丝呈放射状。因个体较大,不用盖盖玻片,用低倍物镜下观察即可,若盖上盖玻片,标本易被压破,反而不利于观察。见图 4-5。

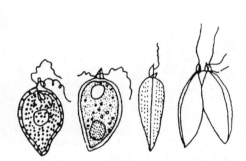
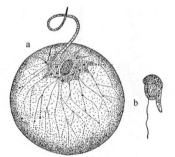
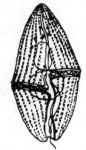

图 4-4　海洋原甲藻 *P. micans*
（引自郑重等,1984）

图 4-5　夜光藻 *N. scientillans*
（引自赵文,2005）
a. 营养细胞;b. 游动孢子

图 4-6　蓝色裸甲藻
G. coeruleum
（引自赵文,2005）

6. 裸甲藻属 *Gymnodinium*

细胞侧扁,圆形或椭圆形,具横沟和纵沟。横沟近环形,位于细胞中部。上、下锥部大小相近。细胞裸露或由许多薄的多角形小板片组成。色素体多个,盘状或棒状。呈金黄色、绿色或蓝绿色等,有的种类无色素体。见图 4-6。

7. 多甲藻属 *Peridinium*

细胞大多呈双锥形，或为球形、椭圆形或多角形，大多数呈双锥形。前端常呈细而短的圆顶状或突出成角状，后端钝圆或分叉呈角状，或有 2～3 个刺。细胞腹面略凹入，因此顶面大多为肾形。细胞内有液泡，色素体大多为粒状，也有种类不具色素体，细胞质为黄棕色或粉红色。储藏物除淀粉外，有的海生种类含有很多油滴。细胞核 1 个，位于细胞中部。见图 4 - 7。

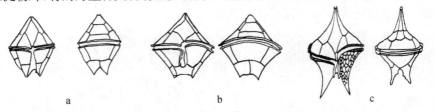

图 4 - 7　多甲藻属 *Pridinium*（引自郑重等，1984；赵文，2005）

a. 锥多甲藻 *P. connicum*；b. 五边多甲藻 *P. pentagonum*；c. 扁多甲藻 *P. depressum*

8. 角藻属 *Ceratium*

植物体为单细胞或有时连成群体。细胞前后端延伸成长的角，顶角总是 1 个，底角 1个、2 个或 3 个，大多向上弯曲，末端扁平、片状或掌状分枝。横沟位于细胞中央，呈环状，纵沟位于腹面中央的斜方形透明区内。细胞壁较厚，常有网状花纹。板式为：$4', 5'', 5''',$ $2''''$。色素体呈小颗粒状。见图 4 - 8。

9. 亚历山大藻属 *Alexandrium*

植物体为单细胞或有时连成群体。横沟明显左旋，腹面横沟较宽，横沟两端距离较大，约为宽度的 1.5～7 倍。藻体细胞小到中等，近圆形。横沟始末位移略等于其宽度。见图 4 - 9。

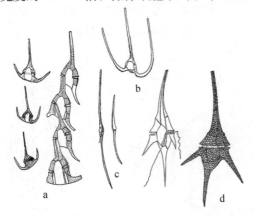

图 4 - 8　角藻属 *Ceratium*（引自梁象秋等，1996；
赵文　2005）

a. 角藻 *C. tripos*；b. 长角角藻 *C. macroceros*；
c. 梭角藻 *C. fususdeng*；d. 飞燕角藻 *C. hirundinella*

图 4 - 9　亚历山大藻属 *Alexandrium*
（引自郭皓，2004）

a. 链状亚历山大藻 *A. catenella*；
b. 塔玛亚历山大藻 *A. tamarensa*

【作业】

1. 名词解释：口沟、(甲)板式。

2. 从实验材料中任选四个属的种类绘图。

3. 比较裸藻门、甲藻门常见种类的主要区别。

实验 5　绿藻门常见属种的形态特征

【实验目的】

掌握绿藻门的形态结构特点,识别常见种类。

【实验材料】

衣藻属、实球藻属、空球藻属、团藻属、小球藻属、盘星藻属、栅藻属、刚毛藻属、鞘藻属、新月藻属、鼓藻属、角星鼓藻属、水绵属、水网藻属、浒苔属、礁膜属、石莼属等标本。

【实验用具】

显微镜、盖玻片、载玻片、滴管、纱布、擦镜纸等。

【实验步骤】

将样品摇匀,用滴管从标本瓶里取少量样品滴于干净的载玻片上,盖上盖玻片,制成临时装片,在显微镜下观察。观察丝状绿藻时,可用镊子夹几根于水滴上,盖上盖玻片进行观察。礁膜属与石莼属的种类可直接观察压制好的标本。

【实验内容】

1. 衣藻属 Chlamydomonas

藻体为运动的单细胞。细胞球形、宽纺锤形、椭圆形或卵形等。细胞壁平滑,细胞前端中央具或不具乳头状突起。鞭毛 2 条,等长,顶生。伸缩泡 1 个或 2 个(固定标本看不到)。色素体 1 个,较大,多数为杯状,少数片状、"H"形或星状。蛋白核 1 个、2 个、多个或无。眼点位于细胞一侧,橘红色。细胞核位于细胞中央偏前端。伸缩泡 1 个或 2 个位于细胞前端。

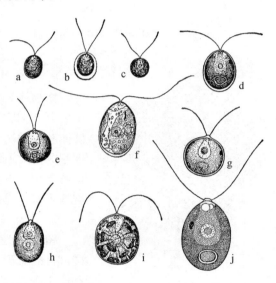

图 5-1　衣藻属 Chlamydomonas(引自李永函等,2002)
a~c. 球衣藻 C. globosa;d. 莱哈衣藻 C. reinhardi;
e. 简单衣藻 C. simplex;f. 卵形衣藻 C. ovalis;
g. 小球衣藻 C. microsphera;h. 逗点衣藻 C. komma;
i. 星芒衣藻 C. stellata;j. 德巴衣藻 C. debaryana

衣藻为团藻目及绿藻门运动个体形态结构的代表,因此实验时最好观察活标本。见图 5-1。

2. 实球藻属 Pandotina

藻体为具胶被的群体。群体球形或椭圆形,由 4 个、8 个、16 个或 32 个(常为 16 个)衣藻形细胞组成,细胞彼此紧贴,位于群体中心;鞭毛伸向群体外。固定标本常失去鞭毛,且细胞彼此分离,但细胞多为梨形,位于群体中心,可通过这个特征与空球藻区分开来。见图 5-2。

3. 空球藻属 Eudorina

植物体为具胶被的球形或卵形群体,常由 16 个、32 个或 64 个(常为 32 个)衣藻形细胞组成,细胞排列成层,有公共胶被。细胞球形,或稍呈梨形或椭圆形,排列疏松。色素体杯状,蛋白核数目不等。群体细胞排列在群体胶被周边,可通过这个特征与实球藻区分开来。见图5-3。

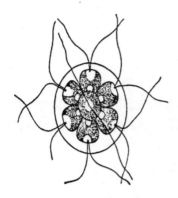

图5-2　实球藻 *Pandotina morum*
(引自赵文,2005)

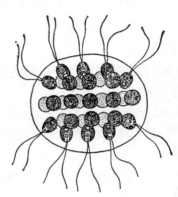

图5-3　空球藻 *Eudorina elegans*
(引自赵文,2005)

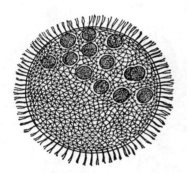

图5-4　美丽团藻 *Volvox aureus*
(引自赵文,2005)

4. 团藻属 *Volvox*

植物体为具胶被的球形、卵形或椭圆形群体,由512至数万个细胞组成。群体细胞小,彼此分离,排列在无色群体胶被周边。成熟的群体细胞分化成营养细胞和生殖细胞,群体细胞间具或不具细胞质连丝。成熟群体常包含若干个子群体。团藻个体较大,肉眼可见,可先不加盖玻片观察。见图5-4。

5. 小球藻属 *Chlorella*

植物体为单细胞,小型(3~10 μm),单生或聚集成群,群体内细胞大小很不一致。细胞球形或椭圆形。色素体1个,周生,杯状或片状,具有1个蛋白核或无。注意观察有没有正处于似亲孢子繁殖阶段的个体。见图5-5。

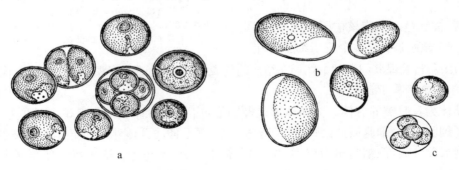

图5-5　小球藻属 *Chlorella*(引自胡鸿钧等,2006)

a. 小球藻 *C. vulgaris*;b. 椭圆小球藻 *C. ellipsoidea*;c. 蛋白核小球藻 *C. pyrenoidesa*

6. 盘星藻属 *Pediastrum*

植物体由 2～128 个细胞排列成单层盘状或放射状的定形群体。群体内部细胞为多角形,无突起,而边缘常具 1 个、2 个或 4 个突起。蛋白核 1 个。见图 5-6。

7. 栅藻属 *Scenedesmus*

植物体常为由 4～8 个细胞或更多细胞组成的定形群体,群体中的各个细胞以其长轴互相平行,排列在一个平面上,互相平齐或交错,也有些排成上下 2 列;边缘细胞两侧通常有棘刺或突起;细胞为纺锤形、卵形等。见图 5-7。

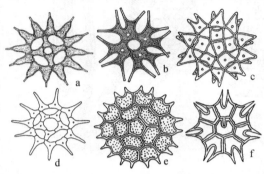

图 5-6　盘星藻属 *Pediastrum*(引自刘国祥等,2012)
a. 单角盘星藻原变种 *P. simplex*;b. 四角盘星藻离体变种 *P. tetras* var. *excisum*;c. 扭角盘星藻穿孔变种 *P. kawraiskyi* var. *perforatum*;d. 单脚盘星藻具孔变种 *P. simplex* var. *duodenarium*;e. 短棘盘星藻原变种 *P. boryanum*;f. 双射盘星藻长角变种 *P. biradiatum* var. *longecornutum*

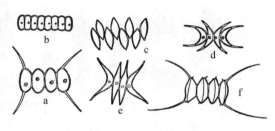

图 5-7　栅藻属 *Scenedesmus*(引自胡鸿钧等,2006)
a. 四尾栅藻 *S. quadricauda*;b. 双列栅藻 *S. bijugatus*;c. 斜生栅藻 *S. obiquus*;d. 尖细栅藻 *S. acuminatus*;e. 二形栅藻 *S. dimorphus*;f. 龙骨栅藻 *S. carinatus*

8. 刚毛藻属 *Cladophora*

植物体着生,或幼体着生成体漂浮。为分枝丝状体,分枝丰富,具顶端和基部的分化。细胞圆柱形。多数种类细胞壁厚,分层,具多个周生盘状色素体和多个蛋白核。基部有假根以固着。细胞核小且多,不易看清,观察方法:先在载玻片上加一滴水,然后用镊子夹几根刚毛藻放在水滴上,盖上盖玻片进行观察。注意用手触摸,有无粗涩的感觉,可通过这一特征与水绵区分(水绵手感光滑)。见图 5-8。

9. 鞘藻属 *Oedogonium*

为不分枝丝状体。细胞圆柱形,有的种类上端膨大,以基细胞固着在基质上。本属最主要的特征是丝状体上具有细胞分裂时留下的帽状环纹。丝状体上可能有藏精器和藏卵器,注意帽状环纹与藏精器的区别。见图 5-9。

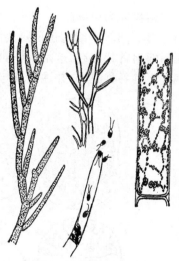

图 5-8　脆弱刚毛藻 *C. fracta*
(引自李永函等,2002)

10. 新月藻属 *Closterium*

植物体为单细胞,新月形。细胞壁平滑,或具线纹或颗粒,每个半细胞具 1 个色素体,由一个或数个纵脊片组成,蛋白核多个。细胞两端各具 1 个液泡,含 1 个或多个石膏结晶。注意新月藻与新月硅藻(桥弯藻)的区别。注意观察本属种类有无缢缝。见图 5-10。

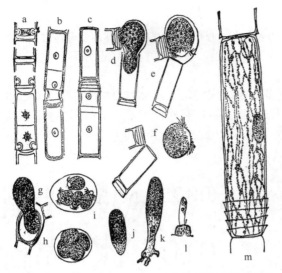

图 5-9　鞘藻属 *Oedogonium*（引自李永函等，2002）

a～c. 细胞分裂；d～f. 游泳孢子逸出；g～i. 由受精卵产生
的游泳孢子；j～l. 游泳孢子萌发；m. 鞘藻的细胞结构

图 5-10　新月藻属 *Closterium*
（引自赵文，2005）

11. 鼓藻属 *Cosmarium*

植物体为单细胞。细胞形态变化较大，侧扁，缢缝常深凹。半细胞正面观近圆形、半圆形或梯形等，顶缘圆、平直，半细胞不具臂状突起，也不具明显长刺，细胞壁平滑或有各种纹饰。用解剖针拨动盖玻片，仔细观察细胞侧面、正面和垂直面的形态。见图 5-11。

12. 角星鼓藻属 *Staurastrum*

植物体为单细胞，一般长大于宽，绝大多数种类辐射对称，少数种类两侧对称，多数种类缢缝深凹。半细胞正面观为半圆形、近圆形、三角形或梯形等，许多种类半细胞顶角或侧角伸出臂状突起，这是本属的主要特征。注意观察半细胞正面和垂直面的形态以及细胞壁上的各种纹饰，并注意其与其他鼓藻类的区别。见图 5-12。

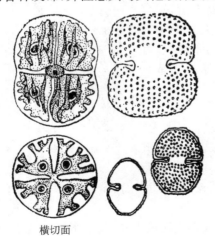

横切面

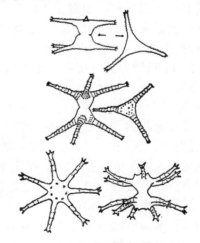

图 5-11　鼓藻属 *Cosmarium*
（引自胡鸿钧等，1980）

图 5-12　角星鼓藻属 *Staurastrum*
（引自赵文，2005）

13. 水绵属 *Spirogyra*

不分枝丝状体,偶尔产生假根状分枝。营养细胞圆柱形。色素体1~16条,周生,带状,沿细胞壁作螺旋盘绕,此为本属最主要特征,每条色素体上具1列蛋白核。仔细观察结合生殖时有无结合管,结合孢子位于结合管中还是位于雌配子囊内。注意水绵属与双星藻属和转板藻属的区别。见图5-13。

14. 水网藻属 *Hydrodictyon*

藻体为肉眼可见的大型网片状或网带状群体,每一网目由4~6个长筒形的细胞组成。幼年细胞有1个片状的色素体、1个蛋白核和1个细胞核,老年细胞色素体呈网状或分裂为多块,蛋白核及细胞核数目也随之增加。见图5-14。

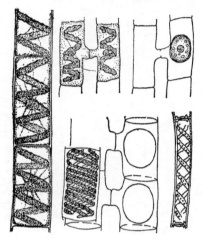
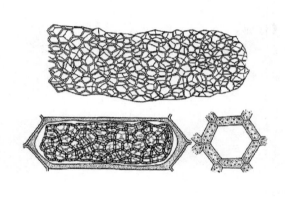

图5-13　水绵属 *Spirogyra*(引自梁象秋等,1996)　　图5-14　水网藻属 *Hydrodictyon*(引自赵文,2005)

15. 浒苔属 *Enteromorpha*

植物体幼体以基部假根状细胞固着;成熟体为单层细胞的中空管状,罕为实心的圆柱状,漂浮于水中,多不具分枝,表面平滑或具皱纹;细胞有多种形状,内含一个侧位的瓶状色素体,具1个蛋白核。营养繁殖时,具生长能力的片段脱离母体后可长成新的植物体;无性生殖产生4个、8个、16个或32个具4条鞭毛的动孢子;有性生殖产生具2根鞭毛的同形或异形孢子,异宗配合;具同形的世代交替。见图5-15。

16. 礁膜属 *Monostroma*

藻体幼时着生,囊状;成熟后从顶端向基部开裂,呈片带状并常具裂片,由单层细胞组成,固着或漂浮。细胞圆形或多角形,常4个细胞排列成一组,细胞之间多少被一些胶质所分隔;具1个细胞核,1个侧位的色素体,含1个蛋白核。见图5-16。

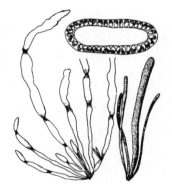

图5-15　浒苔属 *Enteromorpha*
(引自赵文,2005)

17. 石莼属 *Ulva*

成熟植物体为两层细胞的膜状体。基部细胞延伸出假根丝,在两层细胞间向下延伸组成固着器。细胞核1个,色素体杯状,蛋白核1个。见图5-17。

图 5-16　礁膜属 *Monostroma*
（引自赵文,2005）

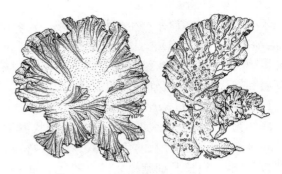

图 5-17　石莼属 *Ulva*
（引自赵文,2005）

【作业】

从实验材料中任选五个属的种类绘图。

实验6 红藻门、褐藻门、轮藻门常见属种的形态特征

【实验目的】

1. 通过观察典型种类,了解大型藻类的形态学特征。
2. 掌握红藻门、褐藻门、轮藻门等的形态结构特点,识别常见种类。

【实验材料】

石花菜属、紫菜属、裙带菜属、海带属、马尾藻属、轮藻属、丽藻属的腊叶标本或浸制标本。各生态型代表种类的鲜标本。

【实验用具】

显微镜、解剖器、载玻片、纱布、擦镜纸等。

【实验步骤】

将带藏精器和藏卵器的轮藻植株置于培养器内,用尖头镊子轻轻取下其藏精器和藏卵器,放到载玻片上,加少许清水,盖上盖玻片,置于低倍镜下观察。

【实验内容】

1. 石花菜属 Gelidium

藻体紫红或淡红黄色,直立,丛生,或分为直立与匍匐部分,软骨质。固着器假根状,枝亚圆柱状或扁压,数回羽状或不规则羽状分枝。小枝对生或互生,有的在同一节上生出2～3个以上小枝。各分枝末端急尖。见图6-1。

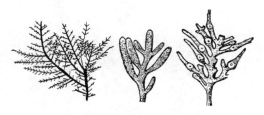

图6-1 石花菜属 Gelidium(引自赵文,2005)

2. 紫菜属 Porphyra

植物体深红色或淡黄绿色,膜质叶状体。椭圆形、长盾形、圆形或披针形等。叶缘全缘或有皱褶。基部脐形、楔形、心形或半圆形,以固着器固着在基质上。紫菜植物体的长短与大小因种类和不同环境的影响可产生一定的变化。见图6-2。

3. 裙带菜属 Undaria

植物体幼期为卵形或长叶片状,单条,在生长过程中逐渐羽状分裂,有隆起的中肋或加厚似中肋状。孢子囊群生在柄部两侧延伸出的褶皱状孢子叶上。见图6-3。

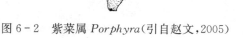

图6-2 紫菜属 Porphyra(引自赵文,2005)

图6-3 裙带菜属 Undaria(引自赵文,2005)

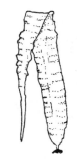

图 6-4　海带属 *Laminaria*
（引自赵文,2005）

4. 海带属 *Laminaria*

植物体明显地分为固着器、柄部和叶片三部分。固着器假根状或盘状。叶片单条或深裂为掌状。见图 6-4。

5. 马尾藻属 *Sargassum*

藻体分固着器、主干和叶三部分。固着器假根状、假盘状或瘤状等。主干圆柱形,偏圆形或扁压形,光滑或有刺毛,侧枝自主干向各个方向生出。叶缘全缘或有锯齿。气囊和生殖托多由叶腋生出,气囊球形、椭圆形或圆筒形。见图 6-5。

6. 轮藻属 *Chara*

植物为雌雄同株或异株。中轴及小枝有或无皮层。托叶单轮或双轮。小枝单一,不分叉,由 5～14 个节片细胞组成,节片上具有 5～7 枚苞片。雌雄同株者藏卵器位于藏精器的上方,冠细胞 5 个,排列成一轮。见图 6-6。

图 6-5　马尾藻属 *Sargassum*（引自赵文,2005）

图 6-6　轮藻属 *Chara*（引自梁象秋等,1996）
a. 藏卵器;b. 藏精器;c. 全株

7. 丽藻属 *Nitella*

藻体为雌雄同株或异株。中轴及小枝无皮层,柔软,较透明。中轴的节上有 2 枚对生的侧枝。无托叶。小枝 6～8 枚一轮,一次至多次分叉,具有一至多级射枝,小枝及射枝等长。常有能育小枝及不育小枝之分,能育小枝常密集成头状,或具有胶质。见图 6-7。

【作业】

从实验材料中任选五个属的种类绘图。

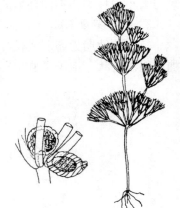

图 6-7　丽藻属 *Nitella*
（引自梁象秋,1996）

实验7 水生维管束植物常见属种的形态特征

【实验目的】

1. 掌握常见水生维管束植物的形态特点,并了解其所属生态类群。
2. 了解维管束植物标本的制作方法。

【实验材料】

满江红、金鱼藻、野菱、莲、莼菜、喜旱莲子草、紫萍、凤眼莲、慈姑、马来眼子菜、菹草、黑藻、苦草、穗花狐尾藻等水生维管束植物的干制标本。苦草、金鱼藻、轮叶黑藻、菹草、穗花狐尾藻、喜旱莲子草等水生维管束植物的浸制标本。

【实验用具】

显微镜、解剖器、载玻片、纱布、擦镜纸等。

【实验步骤】

将维管束植物的新鲜标本或干制标本,按检索表逐个查找,确定其分类地位。

【实验内容】

1. 满江红 *Azolla imbricata*

植物体呈三角形。横卧茎短小,上面生叶,下面生根。叶片极小,互生,两行排列,每个叶片分成上下重叠的两个裂片。上裂片绿色或红褐色,下裂片沉没于水中,膜质。见图 7-1。取上叶片在解剖镜和显微镜下观察,注意鱼腥藻与满江红共生的情况及鱼腥藻的形态结构。

2. 金鱼藻 *Ceratophyllum demersum*

植物体光滑,茎细长、分枝,脆弱易折断,叶无柄,无托叶,通常 6～8 片轮生,二歧式细裂,裂片丝状或线状,边缘有刺状细齿。花小,单生于叶腋。果实表面光滑,具 3 长刺。见图 7-2。注意本种与穗花狐尾藻的区别。

图 7-1 满江红 *A. imbricata*
(引自梁象秋等,1996)

图 7-2 金鱼藻 *C. demersum*
(引自裴鑑等,1952)

3. 野菱 *Trapa incisa*

茎细长,抽至水面。浮水叶菱形,较大,叶柄上具气囊;叶密聚于茎顶,各叶片镶嵌展开于水面,呈盘状,称为菱盘;沉水叶对生,羽状分裂,裂片细丝状,外形像根;花小,白色,两性单生于叶腋;坚果,两肩角于果体上部水平展开,角端斜上升,缺腰角;果体无雕刻状花纹。见图7-3。

4. 莲 *Nelumbo nucifera*

叶基生,挺出水面,叶片圆形,呈浅盘状,盾状着生于有小刺的叶柄上,直径30～90 cm,波状全缘,上面深绿色有白粉,下面淡绿色,叶脉放射状;花单生,大型,直径10～25 cm,淡红色或白色,芳香,花瓣多数常呈倒卵状舟形,雄蕊多数,心皮多数,埋藏于倒圆锥形的花托孔穴内,花后花托逐渐增大,直径5～10 cm;坚果椭圆形或卵圆形,长1.5～2 cm,灰褐色;种子卵圆形,种皮红棕色;具肥厚根状茎,节部缢缩,生有不定根,节间膨大,中空。见图7-4。

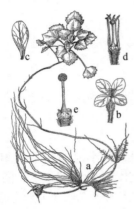

图7-3　野菱 *T. incisa*(引自裴鑑等,1952)
　　a. 植物全株;b. 花;c. 花瓣;d. 除去花瓣和萼片的花(示雌雄蕊);e. 雌蕊和花盘(雄蕊退化)

图7-4　莲 *N. nucifera*(引自 Wu zhengyi et al.,2002)
　　a. 根茎;b. 叶;c. 花;d. 雄蕊和雌蕊

5. 莼菜 *Brasinia schrebri*

具匍匐茎,茎细长,分枝。叶椭圆形,浮生于水面,上面绿色,下面紫色,花出自叶腋,有长柄,幼嫩茎叶具黏液,有特殊的香味,柔滑可口,是一种名贵的蔬菜。见图7-5。

6. 喜旱莲子草 *Alternanthea philoxeroides*

茎圆柱形,中空,上部直立或倾斜地挺出水面;匍匐茎节处生有许多须根。叶对生,无叶柄,叶片披针形或匙形,长2～3 cm,宽1～1.5 cm,顶端短,急尖,基部楔形,全缘。花序头状,生于叶腋,花序柄长1～6 cm。花小,干膜质,白色。见图7-6。

7. 紫萍 *Spirodela polyrhiza*

叶状体扁平,倒卵形或椭圆形,长3～9 mm,宽4～7 mm,常有7条脉,叶背面紫色,叶状体具数条根。常以侧芽繁殖,产生新个体。见图7-7。

图7-5　莼菜 *B. schrebri*
　　　　(引自裴鑑等,1952)
　　a. 植物全株;b. 花;c. 雄蕊;d. 雌蕊;e. 果实(从剖面示胚珠)

图 7-6　喜旱莲子草 *A. philoxeroides*
（引自中国科学院中国植物志
编辑委员会，1988）
a. 花枝；b. 花；c. 去掉花被的花；d. 子房

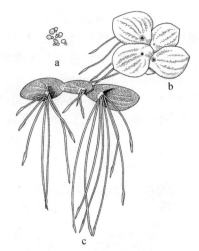

图 7-7　紫萍（引自梁象秋等，1996）
a. 群体；b. 俯视图；c. 底部形态

8. 凤眼莲 *Eichhornia crassipes*

多年生浮水植物。须根发达，悬垂于水中，叶丛生于茎上。叶片卵形、倒卵形至肾形，光滑。叶柄中下部有膨大如葫芦状的气囊，基部有鞘状苞片。花被紫蓝色，6 裂，基部连合，雄蕊 3 长 3 短。见图 7-8。

9. 慈姑 *Sagittaria sagittifolia*

挺水草本植物。叶基生，出水叶片箭形，叶片挺出水面；叶柄较粗大，直立或斜生；沉水叶线形。果卵状倒三角形，花柱顶生，果喙向上直立，花丝扁平，长披针形。白露后地下部分不断抽生匍匐枝，各枝先端形成球茎。见图 7-9。

图 7-8　凤眼莲 *E. crassipes*（引自裴鑑等，1952）
a. 植物全株；b. 花；c. 雄蕊

图 7-9　慈姑 *S. sagittifolia*（引自裴鑑等，1952）
a. 植物全株；b. 花序；c. 雄花；d. 雌花；e. 果实

10. 马来眼子菜 *Potamogeton malaianus*

沉水草本,叶片带状长椭圆形,顶端尖或由中肋略伸出成短突尖,基部宽楔形或楔形,边缘有细锯齿和皱褶,中肋粗壮有密而细的小横脉,叶脉长 2~3 cm。见图 7-10。

11. 菹草 *Potamogeton crispus*

沉水植物。叶宽线形,顶端圆或钝,基部近圆形,略抱茎,边缘有细齿,常皱褶或呈波状;托叶鞘开裂,薄膜质,极易破碎;茎扁圆形;鳞枝较坚硬,松果状。见图 7-11。

图 7-10　马来眼子菜 *P. malaianus*
（引自裴鑑等,1952）
a. 植物全株；b. 花；c. 雌蕊；d. 果实

图 7-11　菹草 *P. crispus*
（引自裴鑑等,1952）
a. 植物全株；b. 花序；c. 花；d. 雌蕊；e. 果实

图 7-12　黑藻 *H. verticillata*
（引自梁象秋等,1996）
a. 植株；b. 叶片及小鳞片；
c. 休眠芽；d. 雄佛焰苞（未开裂）；
e. 雄花；f. 雌花及佛焰苞

12. 黑藻 *Hydrilla verticillata*

沉水草本。叶 4~8 枚轮生,叶片带状披针形,长 1~2 cm,宽 1.5~2 mm,边缘有小齿或近全缘,中肋明显。与引进的伊乐藻的主要区别为,伊乐藻的叶 3 枚轮生,且喜低温生长。见图 7-12。

13. 苦草 *Vallisneria asiatica*

沉水草本。叶基生,长线形或细带形,叶薄,其长短可因水的深浅而变化,顶端多为钝形,有不明显的疏细齿,中下部全缘。水媒花,花果期为 7~10 月。目前大量栽种于河蟹养殖水体中。见图 7-13。

14. 穗花狐尾藻 *Myriophyllum spicatum*

根状茎生于泥中,节部生长不定根。茎圆柱形,直立,常分枝。叶无柄,丝状全裂。穗状花序生于水面之上,雌雄同株。行有性和无性两种方式繁殖,无性繁殖主要以产生断枝或根状茎的方式进行。见图 7-14。

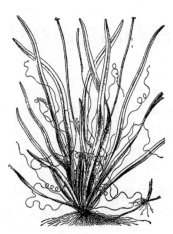

图 7 - 13　苦草 V. asiatica
（引自赵文,2005）

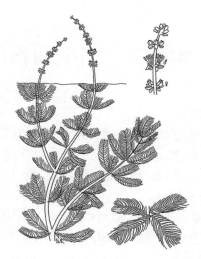

图 7 - 14　穗花狐尾藻 M. spicatum
（引自 K A Langeland,2008）

【作业】

1. 从实验材料中任选四种绘图。
2. 简述本实验中标本所属生态类群。

实验 8　原生动物门常见属种的形态特征

【实验目的】
1. 通过观察原生动物各纲各目的代表属种，掌握其形态结构和分类地位。
2. 识别常见的原生动物种类，尽可能分辨到属或种。
3. 注意观察鞭毛、纤毛、伪足、胞口、射出体、伸缩泡等细胞器。

【实验材料】
变形虫属、表壳虫属、砂壳虫属、太阳虫属、栉毛虫属、草履虫属、钟虫属、累枝虫属、拟铃壳虫属、单缩虫属、聚缩虫属、平轮虫属、板壳虫属、急游虫属、弹跳虫属、游仆虫属的标本。

【实验用具】
显微镜、解剖镜、甘油、镊子、解剖针、载玻片、盖玻片、擦镜纸、凡士林、纱布等。

【实验步骤】
观察各类原生动物时主要注意以下特征：① 表壳虫目：用解剖针轻敲盖玻片，使表壳虫正面观和侧面观均可观察。注意虫体壳孔的位置位于腹面。注意观察砂壳虫表面上黏着的沙砾或藻壳，以及壳孔的开口位置。② 太阳虫目：注意观察辐射状排列的轴状伪足。③ 全毛目：观察时应注意个体纤毛均匀分布于身体表面，仅在口缘附近的纤毛较其他部位长。④ 缘毛目：个体均在一个柄上附着，钟虫属的个体均为单体生活，其他的种类则为群体生活，还可根据群体中各虫体柄内的肌丝是否彼此相连来进行进一步的种类鉴定。⑤ 寡毛目：拟铃虫和类铃虫的主要区别在于类铃虫壳上有领状结构，且领上有环状花纹。

【实验内容】

1. 变形虫属 *Amoeba*

叶状或指状伪足，细胞裸露无壳，体无定形。体外包以质膜，柔软，形状会随时变化。伪足叶状，有时末端尖细，但不分枝，细胞核通常 1 个，最多 2 个。虫体较小，一般为 $20\sim500~\mu m$。种类多。见图 8-1。

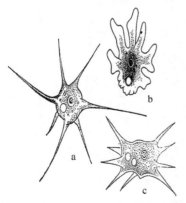

图 8-1　变形虫属 *Amoeba*(引自赵文，2005)
a. 辐射变形虫 *A. radiosa*；b. 无恒变形虫 *A. dubia*；c. 蝙蝠变形虫 *A. vespertilis*

2. 表壳虫属 *Arcella*

体外具表状的几丁质外壳，壳多由细胞本身分泌的薄膜经硬化而成，壳口开于腹面中央，壳的颜色有淡黄色、黄褐色或深褐色。壳上有致密整齐的蜂窝状刻纹，在静止的淡水小水体常见。见图 8-2。

3. 砂壳虫属 *Difflugla*

体表具壳，形状多样，系由外界泥沙微粒或硅藻空壳与细胞分泌的胶质黏合而成，具单一的细胞核和许多伸缩泡，伪足指状，简单或分枝，末端圆或尖。见图 8-3。

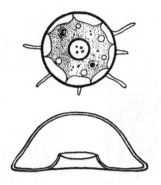

图 8-2　普通表壳虫 A. vulgaris（引自黄祥飞,1999）

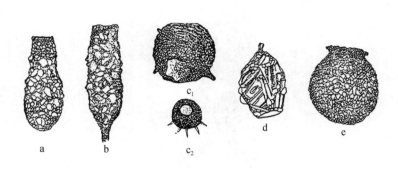

图 8-3　砂壳虫属 Difflugla（引自李永函等,2002）

a. 长圆砂壳虫 D. oblonga；b. 尖顶砂壳虫 D. acuminate；c₁,c₂. 冠冕砂壳虫 D. corona；d. 藻壳砂壳虫 D. bacillarum；e. 圆钵砂壳虫 D. urceolata

4. 太阳虫属 Actinophrys

体小,圆球形。身体外面没有胶质膜,不粘外来物质。细胞核一个,位于中央。伪足呈针状,内有硬的轴丝,自细胞核辐射伸出,长度为细胞直径的 1～2 倍。见图 8-4。

5. 栉毛虫属 Didinium

细胞圆桶形,胞口位于前部圆锥形突起的顶端。胞口引入带有刺杆的胞吻,伸缩力强。身体上有 1～2 圈纤毛环绕,纤毛环上的纤毛排列成梳状的纤毛栉,身体其他部分无纤毛。体中部有大核 1 个,小核 2～4 个。伸缩泡在体后端。体长 60～200 μm。游动十分迅速。肉食性种类,以草履虫为主要食物,常在草履虫大量出现之后大量出现。分布于有机质丰富的水体。见图 8-5。

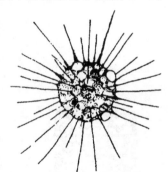

图 8-4　太阳虫属 Actinophrys

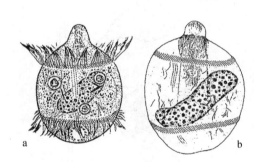

图 8-5　加冈栉毛虫 D. gargantua（引自宋微波等,2003）

a. 活体观察图；b. 蛋白银染色后的图式

6. 草履虫属 Paramecium

呈倒草履形,断面圆或椭圆形,口沟发达,胞口腔十分明显,食物从口沟到口前庭,经胞口进入胞咽；胞咽内具 2 片纵长的波动膜,体纤毛分布全身,表膜外质中有很多放射排列的刺丝泡,身体前后各一个伸缩泡,其周围有收集管。体形较大,100～300 μm。见图 8-6。

7. 钟虫属 Vorticella

口缘向外扩张成左旋唇带。体形似倒钟形,柄不分枝,内有肌丝存在,能伸缩；大核带状,伸缩泡 1～2 个。单独生活,常附着于水中物体或水生动植物身体上,该属为缘毛目中最常见的一个属。见图 8-7。

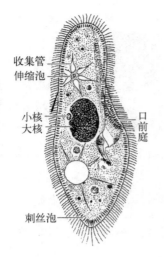

收集管
伸缩泡

小核
大核

口前庭

刺丝泡

图 8-6　尾草履虫 *P. caudatum*
（引自梁象秋等,1996）

图 8-7　领钟形虫 *V. aequilata*
（引自黄祥飞,1999）

8. 累枝虫属 *Epistylis*

体形同钟虫,柄分枝而形成很大树枝状群体,柄内没有肌丝,因此不能伸缩。见图 8-8。

9. 拟铃壳虫属 *Tintionnopsis*

虫体外有壳,呈杯形或碗形,壳上沙粒较细小,排列整齐,壳前部往往有螺旋纹,壳口部位的沙粒常呈螺旋排列。本属与砂壳虫属容易混淆,拟铃壳虫属主要特点是壳内为纤毛虫而非肉足虫。见图 8-9。

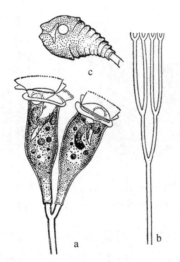

图 8-8　褶累枝虫 *E. plicatilis*（引自赵文,2005）
a. 伸展状态；b. 收缩状态；c. 分枝状态

图 8-9　中华拟铃虫 *T. sinensis*
（引自赵文,2005）

10. 筒壳虫属 *Tintinnidium*

壳长筒形,形状不规则,后端封闭或具一小孔。壳上沙粒大小不一,没有一定的排列。见图 8-10。

11. 单缩虫属 *Carchesium*

虫体形态与钟虫相似,但非单生而是群体生活,许多虫体长在树枝状分枝的柄端上。各虫体柄内的肌丝彼此分离,不相连接,当某个虫体受到刺激时,只限该虫体和柄收缩,群体中的其他虫体不收缩。故名单缩虫。见图 8-11。

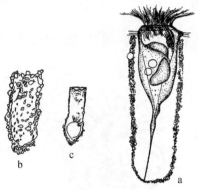

图 8-10　筒壳虫属 *Tintinnidium*(引自赵文,2005)
　　a. 淡水筒壳虫 *T. fluviatile*;b. 恩茨筒壳虫
　　T. entzii;c. 小筒壳虫 *T. pusillum*

图 8-11　螅状单缩虫 *C. polypinum*
　　　　(引自梁象秋等,1996)

12. 聚缩虫属 *Zoothamnium*

群体生活。形态与单缩虫相似,但群体中各虫体柄内的肌丝彼此相连,当某个虫体受到刺激时,整个群体同时收缩,生活环境与单缩虫相似,常常同时出现。见图 8-12。

13. 车轮虫属 *Trichodina*

虫体侧面观如毡帽状,反面观如圆碟形,如车轮转动样运动;隆起的一面为前面或称口面,相对凹入的一面为反口面;口面上有向左或逆时针方向螺旋状环绕的口沟,其末端通向胞口;口沟两侧各生一行纤毛,形成口带,直达前庭腔;反口面的中间为齿环和辐线环;在辐线环上方有一马蹄形的大核,一个长形的小核和一个伸缩泡,其中部向体内凹入,形成附着盘,用于吸附在宿主身上。见图 8-13。

图 8-12　树状聚缩虫 *Z. arbuscula*
　　　　(引自梁象秋等,1996)

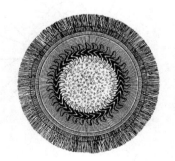

图 8-13　车轮虫属 *Trichodina*
　　　　(引自 Marshall,1953)

14. 板壳虫属 *Coleps*

细胞桶形榴弹状,细胞外有纵横排列得十分整齐的膜质板片;纤毛均匀分布全身,从板片间的孔道伸出体外;胞口和胞咽直接通到体表前端,有较长的纤毛包围;围口板片有尖角状突起,后端浑圆或有二至数个刺突;常有一至数根较长的尾毛;大核 1 个,圆形,位于体中部;小核 1 个,附着在大核上;身体稍后端有一个较大的伸缩泡。体长 40～110 μm。见图 8-14。

15. 急游虫属 *Strombidium*

与弹跳虫极相似,但个体较其大些,除口缘纤毛很发达外,身体其他部分无纤毛。游动很迅速。见图 8-15。

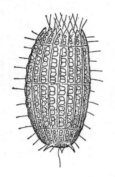

图 8-14　毛板壳虫 *C. hirtus*
（引自赵文,2005）

图 8-15　绿急游虫 *S. viride*
（引自赵文,2005）

16. 弹跳虫属 *Halteria*

体呈球形,较小,20～50 μm,具弹跳能力,口缘的胞口右侧有一小膜,左侧有触毛,体中央周围还有一圈长的刺毛或触毛。大核卵圆形,伸缩泡 1 个,位于胞口右边。见图 8-16。

17. 游仆虫属 *Euplotes*

体多呈卵圆形,腹面扁平,背面多少突出,常有纵长隆起的肋条;小膜口缘区十分发达,非常宽阔且明显,无波动膜;无侧缘纤毛,前触毛 6～7 根,腹触毛 2～3 根,肛触毛 5 根,尾触毛 4 根,臀触毛 5 根;大核 1 个,呈长带状;小核 1 个;伸缩泡后位。见图 8-17。

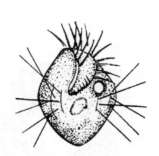

图 8-16　大弹跳虫 *H. grandinella*
（引自赵文,2005）

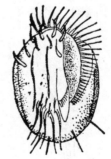

图 8-17　游仆虫属 *Euplotes*
（引自赵文,2005）

【作业】

1. 从实验材料中任选三种绘图。

2. 绘草履虫形体结构图,示伸缩泡、食物泡等结构。

实验 9 轮虫动物门常见属种的形态特征

【实验目的】

1. 了解常见的轮虫种类,掌握其分类特征。
2. 掌握轮虫活体、固定标本的形态结构特点,掌握轮虫咀嚼器的观察方法。

【实验材料】

臂尾轮虫属、龟甲轮虫属、叶轮虫属、晶囊轮虫属、多肢轮虫属、疣毛轮虫属、巨腕轮虫属、三肢轮虫属、镜轮虫属、泡轮虫属、聚花轮虫属、同尾轮虫属、异尾轮虫属、腔轮虫属、单趾轮虫属等活体标本或浸制标本。

【实验用具】

显微镜、载玻片、盖玻片、吸管、擦镜纸、纱布、5%次氯酸钠溶液。

【实验步骤】

将样品摇匀,用滴管吸取一小滴标本液,滴于载玻片上,轻轻盖上盖玻片,置于显微镜下观察;将一滴 5%次氯酸钠溶液滴于盖玻片边缘,使其缓慢渗入,将肌肉组织溶解,观察咀嚼器的形态。

【实验内容】

1. 咀嚼器的构造

咀嚼器是消化系统中特有的构造,其类型是轮虫分类的重要依据之一。其基本构造是由 7 块非常坚硬的咀嚼板组成,通常分砧板和槌板两部分。前者由 1 块单独的砧基和 2 片砧枝连接而成,后者由左右各一的槌钩和槌柄组成,每一槌板系由一片槌钩和一片槌柄组成。食物经过槌钩和砧枝之间时被切断或磨碎,槌柄往往纵长略弯,其前端总是与槌钩的后端相连接。咀嚼器上连接肌肉,运动灵活,其形状为分类的重要依据之一。外附肌肉质囊即为咀嚼囊。见图 9-1。

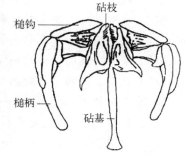

图 9-1 咀嚼器的构造
(引自 Wallace et al. ,2006)

不同轮虫具有不同类型的咀嚼器。常见的咀嚼器类型有以下几种(图 9-2)。

(1)槌型:所有咀嚼板都较粗壮而结实,槌钩弯转;中央部裂成几个长条齿,横于砧板上;通过左右槌钩的运动,不断地嚼碎食物。

(2)枝型:砧基与槌柄已高度退化,且砧枝缩小,为一三棱形的长条;左右槌钩最为发达,各为半圆形的薄片,两半合成圆形,每个薄片上有许多平行的肋条。

(3)槌枝型:槌钩由许多长条齿排列组成;槌柄短宽,分成三段;砧基短粗,左右砧枝呈长三角形,内侧具细齿。

(4)砧型:砧枝特别发达,内侧具 1~2 个刺状突起;砧基已缩短,槌柄退化仅留痕迹,

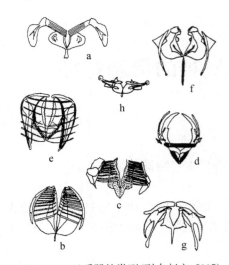

图 9-2　咀嚼器的类型(引自赵文,2005)

a. 槌型；b. 枝型；c. 槌枝型；d. 砧型；
e. 钳型；f. 杖型；g. 梳型；h. 钩型

槌钩也变得较细,能突然伸出口外以捕获食物入口。

(5) 梳型：砧板为提琴状,槌柄复杂,其中部伸出一月牙形弯曲的枝；在槌柄前有一前咽片,常比槌钩发达；以吮吸取食为主。

(6) 杖型：砧基和槌柄都细长,呈杖型；砧枝呈宽阔的三角形,槌钩一般有 1～2 个齿；槌钩能伸出口外,攫取食物并把它咬碎；具此咀嚼器的轮虫系凶猛种类。

(7) 钳型：槌柄很长,与细长的槌钩交错在一起,呈钳状,砧基较短,砧枝长而稍弯,也呈钳状,其内侧有很多锯齿；取食时咀嚼器能完全伸出口外,攫取食物。

(8) 钩型：砧基与槌柄已高度退化,砧枝宽阔而发达,槌钩系由少数长条箭头状的齿所组成。

2. 臂尾轮虫属 *Brachionus*

被甲较宽阔,多呈方形,长度很少超过宽度；前端具 1～3 对棘刺；足不分节,具环纹,并能伸缩；咀嚼器槌型(以此为代表,仔细观察咀嚼器的形状)。见图 9-3。

臂尾轮虫属分种检索表

1(10) 被甲前端的棘刺小于 3 对。

2(3) 被甲前端只有 1 对棘刺 ………………………………… 角突臂尾轮虫 *B. angulars*

3(2) 被甲前端具有 2 对棘刺。

4(9) 被甲后端有或无棘刺,围绕足孔的两旁一定有尖角状突起。

5(6) 被甲前端的 2 对棘刺等长,或中央 1 对较长…… 萼花臂尾轮虫 *B. calyciflorus*

6(5) 被甲前端的 2 对棘刺总是侧面的 1 对较长。

7(8) 后棘刺长、大、对称 ………………………………… 剪形臂尾轮虫 *B. forficula*

8(7) 后棘刺不对称,足的后端分裂为二 ………………… 裂足臂尾轮虫 *B. diversicornis*

9(4) 被甲后端无棘刺,围绕足孔无尖角状突起(后棘刺)

　………………………………………………………… 蒲达臂尾轮虫 *B. budapestiensis*

10(1) 被甲前端具有 3 对棘刺。

11(20) 前端的 3 对棘刺长短相差不大,或者中央的一对较长些。

12(13) 后端足孔位于一个显著的管状突出上 …… 方形臂尾轮虫 *B. quadridentatus*

13(12) 后端足孔无这种管状的突出。

14(15) 被甲后侧稍向外展,整个被甲近似矩形 ……… 矩形臂尾轮虫 *B. leydigi*

15(14) 被甲后侧不外展呈矩形。

16(17) 前棘刺先端钝,不等长 ……………… L 型褶皱臂尾轮虫 *B. plicatilis tipicus*

17(16) 前棘刺先端尖锐。

18(19) 除 3 对背部前棘刺外,另有 2 个腹前棘突 ……… 壶状臂尾轮虫 *B. urceolaris*

19(18)　具 4 个腹前棘突 ············· S 型褶皱臂尾轮虫 *B. plicatilis rotundiformis*
20(11)　前端 3 对棘刺，中央和侧边之间的一对非常长 ··· 镰状臂尾轮虫 *B. falcatus*

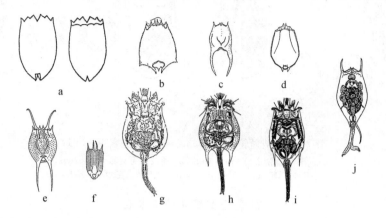

图 9-3　臂尾轮属 *Brachionus*(引自赵文，2005)

a. 褶皱臂尾轮虫 *B. plicatilis*；b. 矩形臂尾轮虫 *B. leydigi*；c. 剪形臂尾轮虫 *B. farficula*；
d. 角突臂尾轮虫 *B. angularis*；e. 镰形臂尾轮虫 *B. falcatus*；f. 蒲达臂尾轮虫 *B. budapestiensis*；
g. 壶状臂尾轮虫 *B. urceus*；h. 方形臂尾轮虫 *B. quadridentatus*；i. 萼花臂尾轮虫 *B. calyciflorus*；
j. 裂足臂尾轮虫 *B. diversicornis*

3. 龟甲轮虫属 *Keratella*

背甲隆起，腹甲扁平，背甲上具线条纹，把表面隔成有规则的小块；背甲前端有 3 对棘刺，后端浑圆或具 1～2 个棘刺，无足。见图 9-4。

4. 叶轮虫属 *Notholca*

背甲具纵条纹；前棘刺 3 对，长短不等；后端浑圆或有短柄；无足；叶轮虫属种类不多，但温幅、盐幅很广。见图 9-5。

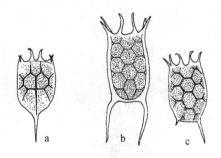

图 9-4　龟甲轮属 *Keratella*(引自赵文，2005)

a. 螺形龟甲轮虫 *K. cochlearis*；b. 矩形龟甲轮虫
K. quadrata；c. 曲腿龟甲轮虫 *K. valga*

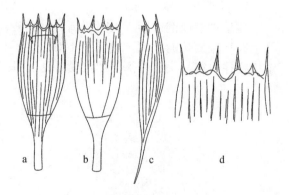

图 9-5　尖削叶轮虫 *N. acuminate*
(引自 Segers，2008)

a. 背面观；b. 腹面观；c. 侧面观；d. 前棘刺

5. 晶囊轮虫属 *Asplanchna*

体透明似灯泡，后端浑圆；无足；咀嚼器砧型，能转动。见图 9-6。

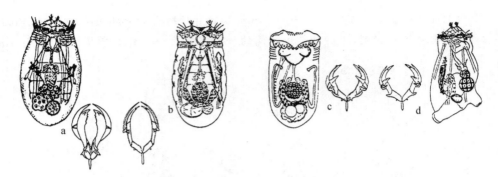

图9-6　精囊轮属 *Asplanchna*（引自王家楫，1961）

a. 前节晶囊轮虫 *A. priodonta*；b. 盖氏晶囊轮虫 *A. girodi*；
c. 卜氏晶囊轮虫 *A. brightwelli*；d. 西氏晶囊轮虫 *A. sieboldi*

晶囊轮虫属分种检索表

1(2) 卵巢和卵黄腺呈圆球形。砧枝内侧边缘总是具4～16个参差不齐的锯齿……
………………………………………………… 前节晶囊轮虫 *A. priodonta*

2(1) 卵巢和卵黄腺呈带形，马蹄形的弯曲。砧枝内侧边缘完全光滑无齿，或在中部
伸出一大齿，并无锯齿。

3(4) 砧枝内侧边缘完全光滑无齿 ………………………… 盖氏晶囊轮虫 *A. girodi*

4(3) 砧枝内侧边缘具有一个从中部伸出的大齿。

5(6) 身体两侧和腹面无瘤状或翼状的突出物 ……… 卜氏晶囊轮虫 *A. brightwelli*

6(5) 身体两侧和腹面有瘤状或翼状的突出物 ………… 西氏晶囊轮虫 *A. sieboldi*

6. 多肢轮虫属 *Polyarthra*

体呈圆筒形或长方形，无足，体两旁有多数针状或片状附属肢，有助于游泳或跳跃。
见图9-7。

7. 疣毛轮虫属 *Synchaeta*

体呈钟形或倒锥形。头冠宽阔，上面有4根长刚毛，两侧各具一显著的"耳"状突起，
耳上有特别发达的纤毛。侧触手1对。足不分节，趾1对很小。该类轮虫极易变形。固
定后往往只能从头部两侧仍然依稀可见的"耳"状结构辨别它们。见图9-8。

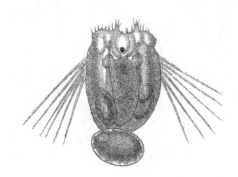

图9-7　针簇多肢轮虫 *P. trigla*
（引自 Ehrenberg，1834）

图9-8　尖尾疣毛轮虫 *S. stylata*
（引自王家楫，1961）

8. 巨腕轮虫属 *Hexarthra*

无被甲,体前半部有 6 个粗大、腕状的附肢,无足。见图 9-9。

9. 三肢轮虫属 *Filinia*

体呈卵圆形,无被甲,具 3 根细长的附属肢,前两根能自由划动,后端一根不能自由活动。见图 9-10。

图 9-9   环顶巨腕轮虫 *H. fennica*
（引自王家楫,1961）

图 9-10   长三肢轮虫 *F. longiseta*
（引自王家楫,1961）

10. 镜轮虫属 *Testudinella*

被甲较坚硬,腹背扁平,背面观及腹面观近圆形,透明似镜;足长而呈圆筒形,不分节,末端无趾,但有一圈纤毛。多底栖生活。见图 9-11。

11. 泡轮虫属 *Pompholyx*

被甲薄而透明。后端有足孔,但无足。足孔内有一黏液管伸出,可黏附排出的卵,故常可见卵附着在足孔后端。见图 9-12。

12. 聚花轮虫属 *Conochilus*

头冠系聚花轮虫型,围顶带为马蹄形,多为自由游动的群体,小的群体也由 5～25 个个体组成。见图 9-13。

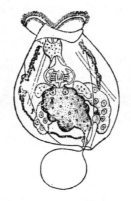

群体

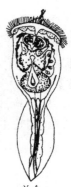

单个

图 9-11   缺刻镜轮虫
T. incisa
（引自王家楫,1961）

图 9-12   沟痕泡轮虫
P. sulcata
（引自王家楫,1961）

图 9-13   独角聚花轮虫
C. unicornis
（引自王家楫,1961）

13. 同尾轮虫属 *Diurella*

被甲为纵长的整个一片,呈倒圆锥形,稍弯而扭曲,因此不对称;趾2个,等长或一长一短,短趾长度总是超过长趾的1/3,长趾长度不超过体长的一半。多营底栖生活。见图9-14。

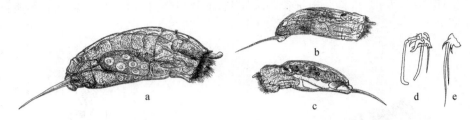

图9-14　罗氏同尾轮虫 *Diurella dixon-nuttalli*（引自王家楫,1961）

a～b. 右侧面观;c. 左侧面观;d. 咀嚼器;e. 趾

14. 异尾轮虫属 *Trichocerca*

被甲同同尾轮虫;左趾非常长而发达,长度总超过体长的一半;右趾退化,很短,长度不超过长趾的1/3。多为浮游种类。见图9-15。

15. 腔轮虫属 *Lecane*

被甲卵圆形,背腹扁平,整个被甲由背甲和腹甲各一片构成,在两侧和后端有柔韧的薄膜相连接,因而有侧沟和后侧沟的存在;足很短,分两节,只有后端的一节能动;趾较长,具2趾,少数种类的两个并立的趾正处于融合成一个趾的过程中。见图9-16。

图9-15　异尾轮虫属 *Trichocerca*（引自王家楫,1961）

图9-16　腔轮虫属 *Lecane*（引自 Harring,1921）

16. 单趾轮虫属 *Monostyla*

趾只有1个,其他同腔轮虫。见图9-17。

【作业】

1. 从实验材料中任选三属的种类绘图。

2. 绘制轮虫咀嚼器的结构图。

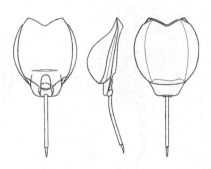

图9-17　单趾轮虫属 *Monostyla*（引自王家楫,1961）

实验 10　枝角类常见属种的形态特征

【实验目的】

1. 通过观察枝角类代表属种，认识其形态并了解分类地位。
2. 识别常见枝角类的特征。
3. 学习浮游动物附肢的解剖技术，并在显微镜下观察枝角类附肢的构造。

【实验材料】

秀体溞属、裸腹溞属、象鼻溞属、基合溞属、透明薄皮溞、盘肠溞属、尖额溞属、网纹溞属、溞属的标本。

【实验用具】

显微镜、解剖镜、甘油、镊子、解剖针、载玻片、盖玻片、擦镜纸、纱布等。

【实验步骤】

首先，观察裸腹溞活体：吸取若干只溞置于载玻片上，不盖盖玻片，置于显微镜下观察裸腹溞形态结构。观察完毕后，将个体放置在解剖镜下，用解剖针将壳瓣轻轻拨开，将胸肢露出，再用解剖针将第一胸肢轻轻拨下，置于显微镜下观察第一胸肢的构造，注意裸腹溞属不同个体第一胸肢的差异。见图 10-1。

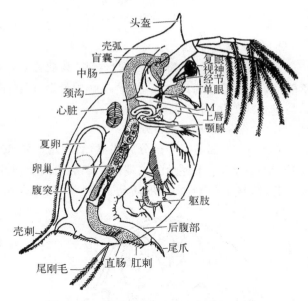

图 10-1　裸腹溞模式图(引自赵文,2005)

【实验内容】

以活体裸腹溞为例,仔细观察以下结构。

(1) 头部：单眼(有、无)、复眼(大、小)、吻(有无、形状)、第一触角(长、短)、第二触角(刚毛式)、壳顶(有无头盔)、壳弧(有无、形状)。

(2) 躯干部：颈沟(有、无)、胸肢(数目)、心脏(位置)、后腹部(肛刺、尾爪细微结构)、壳刺(有无、位置、数目)等。

(3) 观察壳腺、消化腺(盲囊)、生殖腺等排泄系统、消化系统、生殖系统的内部结构。

1. 秀体溞属 *Diphanosoma*

头部大,复眼大,无单眼和壳弧,有颈沟;第一触角较短、能动,前端有一根长鞭毛和一簇嗅毛;第二触角强大,外肢 2 节,内肢 3 节,刚毛式为 4-8/0-1-4;肠管直,无盲囊;后腹部小,锥形;无肛刺,爪刺 3 个;雄体第一触角较长,有一对交媾器,位于第 6 对胸肢之后肠管的两侧。主要分布于湖泊、水库等较大型的淡水水体中。见图 10 - 2。

2. 裸腹溞属 *Moina*

体较侧扁，颈沟深，无壳刺；后腹部裸露于壳外；头大，无单眼；第一触角大且能动；后腹部的肛刺周缘有羽状刚毛，其中最末的一个分叉。见图 10 - 3。

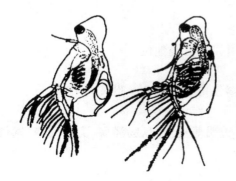

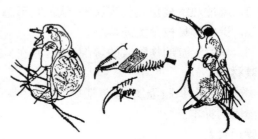

图 10 - 2　长肢秀体溞 *D. leuchtenbergianum*
（引自蒋燮治等,1979）

图 10 - 3　多刺裸腹溞 *M. macrocopa*
（引自蒋燮治等,1979）

3. 象鼻溞属 *Bosmina*

壳的腹缘平直，壳瓣后腹角具壳刺，其前方具一羽状刚毛；第一触角长，与吻端愈合，不能动，复眼与吻端具一额毛；第二触角外肢 4 节，内肢 3 节。后腹部略呈长方形。注意其与基合溞的区别。见图 10 - 4。

4. 基合溞属 *Bosminopsis*

有颈沟，头部与躯干部分界明显，后腹角不延伸成壳刺；雌体第一触角基端左右愈合，末端弯曲，嗅毛生于触角的末端。第二触角内肢、外肢皆 3 节；雄体第一触角稍弯曲，左右完全分离，且不与吻愈合，能活动。第一胸肢有钩和长鞭毛。见图 10 - 5。

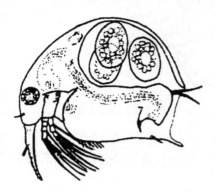

图 10 - 4　长额象鼻溞 *B. longirostris*
（引自蒋燮治等,1979）

图 10 - 5　颈沟基合溞 *B. deitersi*
（引自蒋燮治等,1979）

5. 透明薄皮溞 *Leptodora kindti*

体长，圆筒形，颇透明，分节；壳瓣小，不包被躯干部和胸肢；复眼很大，呈球形，除由冬卵孵出的第一代外，其余各代个体都无单眼；第一触角能活动，短小不分节；第二触角粗大,刚毛式为 0 - 10(12) - 6(7) - 10(11)/6(7) - 11(13) - 5(6) - 8,游泳肢 6 对,圆柱形,分节,只有内肢,外肢退化,其上有许多粗壮的刚毛,各对游泳肢皆为执握肢,缺鳃囊;后腹部有一对大的尾爪;肠管直,无盲囊;雌体长 3～7.5 mm;雄体较小,2～6.85 mm,第一触角较大,呈长鞭状,前侧列生嗅毛;壳瓣完全退化,该部位突出呈背盾状。见图 10 - 6。

6. 盘肠溞属 *Chydorus*

体小,壳厚而略呈圆形;壳瓣短,长度与高度略等;腹缘浑圆,其后半部大多内褶,壳瓣后缘高度通常不到壳瓣高度的一半;头部低,吻长而尖,第一、第二触角都较短小;后腹部短而宽,爪刺 2 个,内侧的一个很小,肠管末端大多有育囊;雄体小,吻较短,第一触角稍粗壮,第一胸肢有钩,后腹部较细,肛刺微弱。见图 10 - 7。

图 10 - 6　透明薄皮溞 *L. kindti*
(引自蒋燮治等,1979)

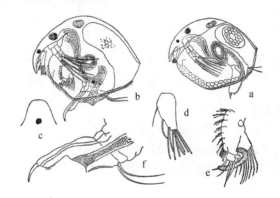

图 10 - 7　圆形盘肠蚤 *C. sphaericus*(引自蒋燮治等,1979)
a. 雌性;b. 雄性;c. 吻部顶面观;d. 雄性第一触角;
e. 雄性第一胸肢;f. 雄性后腹部

7. 尖额溞属 *Alona*

体侧扁,近乎矩形,无隆脊;壳瓣后缘高度大于体高的一半,后腹角一般浑圆,少数种类具齿或刺,后腹部短而宽,极侧扁,爪刺一个;雄体吻较短,第一胸肢有壮钩,有些种类的雄体无爪刺。见图 10 - 8。

8. 网纹溞属 *Cariodaphnia*

壳瓣具多角形网纹;颈沟深,头小无吻;复眼大,充满头顶;单眼小,点状;雌性第一触角不甚发达,雄性较发达,均可微动;瓣壳后背角稍突出成一短角刺。卵鞍贮冬卵一个。见图 10 - 9。

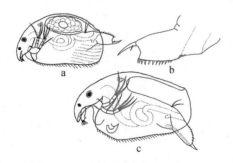

图 10 - 8　点滴尖额溞 *A. guttata*
(引自蒋燮治等,1979)
a. 雌性整体观;b. 雌性后腹部;c. 雄性整体观

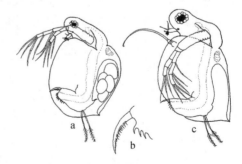

图 10 - 9　棘爪网纹溞 *C. reticulata*
(引自蒋燮治等,1979)
a. 雌性整体观;b. 尾爪;c. 雄性整体观

9. 溞属 *Daphnia*

　　壳瓣背面有脊棱,后端延伸成长壳刺,壳面有菱形的网纹;吻明显;无颈沟;第一触角小,不能动;第二触角刚毛式为 0-0-1-3/1-1-3;腹突 3~4 个。见图 10-10。

图 10-10　大型溞 *D. magna*(引自蒋燮治等,1979)

【作业】

　　1. 绘多刺裸腹溞外形结构图。

　　2. 绘秀体溞外形结构图。

　　3. 绘象鼻溞外形结构图。

实验 11　桡足类常见属种的形态特征

【实验目的】

1. 通过观察代表种类,了解桡足类形态学特征。
2. 识别常见桡足类,掌握目的分类特征。
3. 学习浮游动物附肢的解剖技术,注意观察桡足类的头部和胸部的附肢。

【实验材料】

哲水蚤属、拟哲水蚤属、真刺水蚤属、真哲水蚤属、胸刺水蚤属、华哲水蚤属、许水蚤属、中镖水蚤属、纺锤水蚤属、长腹剑水蚤、大眼剑水蚤属、美丽猛水蚤属、剑水蚤属的标本。

【实验用具】

显微镜、解剖镜、甘油、镊子、解剖针、载玻片、盖玻片、擦镜纸、纱布。

【实验步骤】

1. 桡足类的形态结构

以中华哲水蚤为例,用镊子取一成体标本置于载玻片,加一滴水,放在解剖镜下,右手持解剖针,拨动标本,观察其背面、腹面及侧面,并注意以下几点。

(1) 前端粗大的部分为前体部,后端较细小的部分为后体部,注意前体部与后体部的在长度和宽度上的差异及活动关节位置。

(2) 前体部:头与第一胸节愈合,称为头胸部,通常叫头部,之后的胸节通常叫胸部,头部向前突出的部分称额角,桡足类额角的形状常因种类而异,注意在解剖镜下观察桡足类的额角形状。胸部分节明显,注意其前体部末节的后侧角形状。

(3) 后体部:即活动关节之后的体部,腹部的节数亦因桡足类种类不同而异。注意观察桡足类腹部的节数。雌体的第一腹节和第二腹节常合并为一节,叫生殖节。注意生殖节与其他各节的不同。

(4) 腹部末端具 2 尾叉,仔细观察尾叉长短与宽窄之比以及刺毛的分布情况等。

(5) 比较雌雄形态上的区别。

2. 桡足类的附肢结构

取一标本置于载玻片上,加少许稀甘油(因甘油黏性大,有利于解剖工作),然后把载有标本的载玻片放于解剖镜下,左手执解剖针轻轻地按住标本,右手执解剖针小心将各附肢自基部切断,使其与躯干部分离。每分离一附肢后,立即将其移至另一载玻片上,加一滴甘油,盖上盖玻片,用记号笔标注上附肢名称。最后将分离的附肢放在显微镜下观察。见图 11-1。

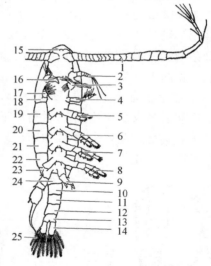

图 11-1　哲水蚤雄性模式图(腹面观)

1. 第一触角;2. 第二触角;3. 第一小颚;4. 颚足;
5. 第一胸足;6. 第二胸足;7. 第三胸足;8. 第四胸足;9. 第五胸足;10. 第二腹节;11. 第三腹节;
12. 第四腹节;13. 第五腹节;14. 尾叉;15. 额角;
16. 大颚;17. 第二小颚;18. 头节;19. 第一胸节;
20. 第二胸节;21. 第三胸节;22. 第四胸节;
23. 第五胸节;24. 生殖节;25. 尾刚毛

（1）第一触角：单肢型，长度大于体长，雌体25节，雄体24节，最后23节各具1根长的羽状刚毛，注意各节上的刺毛及附属物。

（2）第二触角：双肢型，原肢2节，外肢7节，内肢2节。

（3）大颚：双肢型。基节内缘有齿群，底节上有内外肢。内肢2节，外肢多节。

（4）第一颚：扁平，双肢型，原肢基节与底节呈叶状扩大，具若干小叶和突起，外缘多刺毛，有内外叶，皆呈叶片状。

（5）第二小颚：单肢型，外肢退化，基节与底节很大，内侧突出成内小叶，有许多羽状刚毛。

（6）颚足：单肢型，基节与底节很发达，外肢退化，内肢5节，内缘多刺毛，外缘刺毛2根。

（7）第一至五胸足：每肢均由原肢和内外肢构成。外肢较内肢发达。注意第五胸足（P5）与其他胸足的不同。原肢基节有内缘齿，雌体具14～29个，一般为18～22个；雄体具11～27个，一般为17～21个，第一至第四胸足（P1～P4）无内缘齿；雄体第五胸足（P5）不对称，左外肢比右外肢长。

【实验内容】

自由生活的桡足类分目检索表

1（2）头部与腹部常无明显的分界，第一触角很短，常少于8节 ……………… 猛水蚤目

2（1）头胸部呈圆筒状，较腹部宽。胸腹分节明显。

3（4）第一触角很长，雄性一侧变为执握肢。第二触角双肢型 ………… 哲水蚤目

4（3）第一触角不很长，雄性两侧均变为执握肢。第二触角单肢型或具有退化的外肢
…………………………………………………………………………… 剑水蚤目

1. 哲水蚤属 Calanus

头胸部呈长筒形，末两胸节分开，末胸节后侧角钝圆；雌性腹部4节，雄性腹部5节。雌性第一触角25节，雄性第一触角24节，第一触角长度超过尾叉，末第2节和末第3节有2条羽状长刚毛；胸足的内肢、外肢均为3节，第五胸足基节内缘具锯齿；雄性左足比右足长。见图11-2。

2. 拟哲水蚤属 Paracalanus

额和后胸末端圆钝；第一触角短于体长，第2～4对胸足外肢第3节外缘近端锯齿状；雌性第五胸足雌性对称，单肢型，2～3节，雄性不对称，左足5节，右足2～3节，或完全消失。见图11-3。

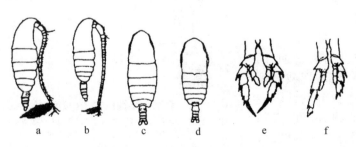

图11-2　中华哲水蚤 C. sinicus（引自郑重等，1984）
a. 雌性侧面观；b. 雄性侧面观；c. 雌性背面观；
d. 雄性背面观；e. 雌性第五胸足；f. 雄性第五胸足

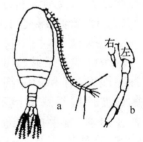

图11-3　小拟哲水蚤 P. parvus
（引自郑重等，1984）
a. 雌性；b. 雄性第五胸足

3. 真刺水蚤属 Euchaeta

前额尖锐,额角呈刺状;胸部 3 节,雄性腹部 5 节,雌性腹部 4 节;生殖节不对称,腹面突起;雄性第五胸足发达,左足单肢型,右足双肢型,外肢 2 节,内肢单节,雌性第五胸足消失。见图 11-4。

4. 真哲水蚤属 Eucalanus

体形较大,头胸部特别长,头部向前突出,呈三角形,头部两侧膨大,具一透明膜,与第一胸节愈合,第四、第五胸节分开。腹部短,抹一腹节常与尾叉愈合。尾刚毛左右不对称,通常左侧内缘第二尾刚毛特别长,第一触角超过体长。第二触角内肢比外肢长,第五胸足雌性消失,雄性单肢型,左足分 4 节,右足有时亦消失。见图 11-5。

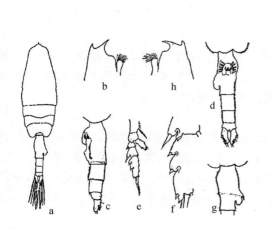

图 11-4　长角真刺水蚤 E. longicornis 雌性
（引自郑重等,1984）

a. 整体背面观；b. 头部侧面观；
c. 腹部侧面观；d. 腹部腹面观；e. 第二胸足；
f. 第二胸足外肢第 2、3 节；g. 生殖节背面观；
h. 头部侧面观

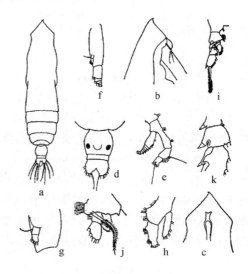

图 11-5　尖额真哲水蚤 E. mucromalus 雌性
（引自郑重等,1984）

a. 整体背面观；b. 额部侧面观；
c. 额部腹面观；d. 腹部腹面观；e. 第二触角；
f. 大颚须；g. 大颚须第二节及内肢；h. 第一小颚
第二基节及内外肢；i. 第一胸足；j. 第一胸足内肢；
k. 第二胸足外肢第 2 节

5. 胸刺水蚤属 Centropages

头部比胸部狭小,胸部后侧角刺状;雌性腹部 3 节,生殖节常不对称;尾叉较长;雌性第五胸足内肢、外肢各 3 节,外肢第二节的内缘延伸为一大刺;雄性第五胸足不对称,左足外肢 2 节,右足外肢 3 节,末 2 节形成钳状。见图 11-6。

6. 华哲水蚤属 Sinocalanus

头胸部窄而长,胸部后侧角不扩展,左右对称,顶端具一小刺。雌性腹部 4 节,雄性腹部 5 节。尾叉细长。雌性第五胸足双肢型,对称,内肢、外肢各 3 节,外肢第二节内缘具刺状,末节无顶刺;雄性外肢左右均为 2 节,左足末端为一直刺,右足第二节的基部膨大,末部呈钩状。见图 11-7。

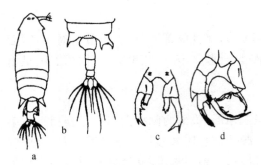

图 11-6　腹胸刺水蚤 *C. abdominalis*
（引自郑重等，1984）

a. 雌性整体背面观；b. 雌性末胸节及腹部；
c. 雄性第五胸足；d. 雌性第五胸足

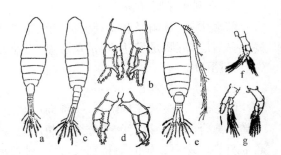

图 11-7　细巧华哲水蚤 *S. tenellus*、汤匙华哲水蚤
S. dorrii（引自沈嘉瑞，1979）

a~d. 细巧华哲水蚤；e~g. 汤匙华哲水蚤
a，e. 雌性背面观；b，f. 雌性第五胸足；
c. 雄性背面观；d，g. 雄性第五胸足

7. 许水蚤属 *Schmackeria*

额狭长或圆；胸部 3 节，后侧角钝圆，常有数根刺毛；雄性腹部 5 节，雌性腹部 4 节，生殖节常膨大，不对称；雄性第五胸足单肢型，不对称，左侧底节内缘向后伸出长而弯的突起，雄性第五胸足第 3 节较短，最末端的棘刺长而锐。见图 11-8。

8. 中镖水蚤属 *Sinodiaptomus*

小型。头部与第一胸节的分界明显；雌体第四、第五胸节部分愈合，第五胸节两后侧角多少伸展成翼状突；雄体第四、第五胸节不愈合，后侧角也无翼状突；雌体腹部 2~4 节。雌性第五胸足对称，雄体不对称，右足大于左足。右足外肢 2 节，第 2 节外缘具一刺，末端为一长而弯曲的钩状刺，内肢退化，1 或 2 节；左足内外肢 1 或 2 节。见图11-9。

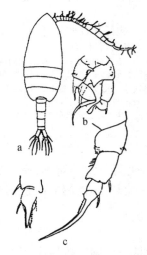

图 11-8　火腿许水蚤 *S. poplesia*
（引自郑重等，1984）

a. 雄性背面观；b. 雌性第五胸足；
c. 雌性第五胸足

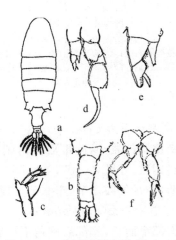

图 11-9　大型中镖水蚤 *S. sarsi*
（引自赵文，2005）

a. 雌性整体背面观；b. 雄性后体部；
c. 雄性执握肢末三节；d. 雄性第五胸足；
e. 第 5 对左胸足内外肢；f. 雌性第五胸足

9. 纺锤水蚤属 Acartia

体瘦小，纺锤形，尾叉较短小；头背面具一单眼，头与第一胸节分开，第 4、5 节愈合；雌性腹部 3 节，雄性腹部 4～5 节；第五胸足单肢型，雌性对称，2～3 节；雄性单肢型，不对称，左肢 4 节，右肢 4～5 节。见图 11-10。

10. 长腹剑水蚤 Oithona

头与第一胸节分开；前体部 5 节，雌性后体部 5 节，雄性后体部 6 节；生殖孔位于第 2 节；尾叉对称；前 4 对胸足内肢、外肢皆 3 节。多数咸淡水产，少数淡水产，世界性分布。见图 11-11。

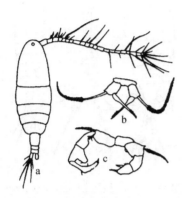

图 11-10　双刺纺锤水蚤 A. bifilosa
（引自郑重等，1984）

a. 雌性背面观；b. 雌性第五胸足；
c. 雄性第五胸足

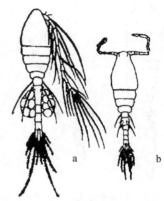

图 11-11　大同长腹剑水蚤 O. similis
（引自郑重等，1984）

a. 雌性整体观；b. 雄性整体观

11. 大眼剑水蚤属 Corycaeus

小型桡足类，前体部和后体部分界明显，前体部呈长椭圆形。头部前端有 1 对发达的晶体；第三、第四胸节常愈合，有明显的后侧角；后体部较短，1～2 节。第一触角短小，第二触角发达，第一至第三胸足内肢、外肢各 3 节；第四胸足内肢退化，外肢 3 节；第五胸足消失，仅留下 2 根刺毛。见图 11-12。

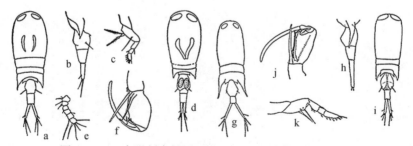

图 11-12　大眼剑水蚤属 Corycaeus（引自郑重等，1984）

a～f. 近缘大眼剑水蚤 Corycaeus affinis：a. 雌性背面观；b. 雌性后体部侧面观；
c. 雌性第四胸足；d. 雄性背面观；e. 雄性第一触角；f. 第二触角；g～k. 美丽大眼剑水蚤
Corycaeus speciosus：g. 雌性背面观；h. 雌性后体部侧面观；i. 雄性背面观；
j. 雄性第二触角；k. 雄性第四胸足

12. 美丽猛水蚤属 *Nitocra*

体圆柱形,额突出,腹部各节的侧面、尾叉及肛门板后缘具细刺。第一触角 8 节;第二触角 4 节,外肢仅 1 节。雄性第一胸足底节内末角的刺呈钩状,第二至第四胸足内肢、外肢均 3 节,第五胸足两性均 2 节。为淡水或咸淡水种类。见图 11 - 13。

13. 剑水蚤属 *Cyclops*

头胸部呈卵圆形,第二触角短,14~17 节,雄性第二触角呈执握状,对称;胸足 1~4 对相似,第 5 对小,两性相似。雌性腹部两侧有一对卵囊。见图 11 - 14。

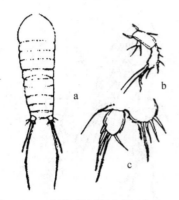

图 11 - 13　湖泊美丽猛水蚤 *N. lacustris*
（引自赵文,2005）

a.雌性背面观;b. 雄性第六胸足;c. 雌性第六胸足

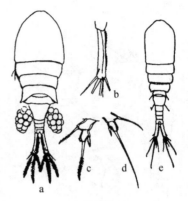

图 11 - 14　近邻剑水蚤 *C. vicinus*
（引自沈嘉瑞,1979）

a. 雌性背面观;b. 尾叉;c. 雌性第五胸足;
d. 雄性第五胸足;e. 雄性背面观

【作业】

1. 解剖并观察中华哲水蚤第五胸足。
2. 从实验材料中任选 4 种绘图。

实验 12　多毛纲、寡毛纲常见属种的形态特征

【实验目的】

1. 了解多毛纲基本特征,掌握沙蚕头部、疣足和刚毛的形态结构特点。
2. 了解寡毛类的刚毛、形态、观察装片的制作。
3. 认识多毛纲、寡毛纲常见种类,并了解其分类地位。

【实验材料】

吻沙蚕属、刺沙蚕属、齿吻沙蚕属、鳃蚕属、沙蚕属、围沙蚕属、疣吻沙蚕属、水丝蚓属、颤蚓属、尾鳃蚓属、仙女虫属、杆吻虫属的标本。

【实验用具】

显微镜、解剖镜、镊子、解剖针、载玻片等。

【实验步骤】

1. 沙蚕头部的观察

用镊子取吻部伸展出来的日本刺沙蚕 1 只,放在解剖镜下,用镊子夹住,依次观察围口节、口前叶、围口触手、口前触手、口环、颚环以及吻的分区和各分区齿的分布,写出齿式。

2. 沙蚕疣足结构及疣足上外刚毛的观察

用镊子从日本刺沙蚕身体中部(注意只有从中部夹取的才是典型的双叶型的结构)夹取一个完整的疣足,放在载玻片上,滴上临时封片胶,盖上盖玻片做成临时装片,然后放在显微镜的低倍镜下观察疣足的结构,观察时注意区分疣足的背腹侧(观察时注意显微镜视野中背腹叶的位置,靠近体侧方的为背叶,靠近体轴的为腹叶)。然后转换至高倍镜下观察疣足外刚毛的形态,区分外刚毛的类型。

【实验内容】

1. 吻沙蚕属 *Glycera*

体细长而圆,口前叶细小,呈圆锥状,有环轮。口前叶触手 4 个,吻长而粗大,伸出时往往超过躯干的宽度。前端有 4 个大额,身体全部疣足形状相同,皆为双肢型。见图 12-1。

2. 刺沙蚕属 *Neanthes*

口前叶为典型的沙蚕型,口前触手 2 个,触柱 2 个,眼睛 2 对,围口触手 4 对,吻的口环及颚环上均有圆锥形齿。疣足腹叶具复型刺状和镰刀状刚毛两种。见图 12-2。

3. 齿吻沙蚕属 *Nephtys*

体细长,背腹扁平,口前叶有 4 根小的口前触手,无触柱,围口节有疣足,有一对短的围口触手,疣足的背叶和腹叶相距甚远,背叶下面有一个向内或向外弯曲的特殊鳃,吻很大而且长,有角质齿和许多突起。见图 12-3。

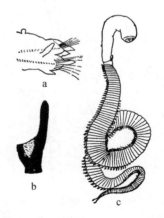

图 12-1　长吻沙蚕 *G. chirori*
(引自梁象秋等,1996)

a. 典型疣足背面观;b. 副颚;
c. 整体(吻外翻)

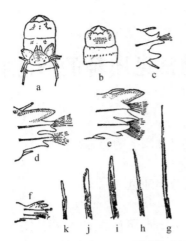

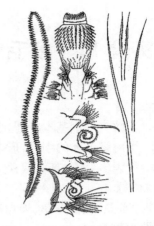

图 12-2 日本刺沙蚕 N. japonica(引自李永函等,2002)
a. 体前端(吻外翻)背面观;b. 吻腹面观;c. 第 1 对疣足;
d. 体前部疣足;e. 体中部疣足;f. 体后部疣足;g. 等齿刺状
刚毛;h. 异齿刺状刚毛;i. 简单刚毛;j~k. 异齿镰刀形刚毛

图 12-3 齿吻沙蚕属 Nephtys

4. 鳃蚕属 Potamilla

口前叶有一对大型半环状的羽状鳃,围口节伸长成为领,围绕在羽状鳃的基部周围,在鳃丝的主轴上有眼点。见图 12-4。

5. 沙蚕属 Nereis

口前叶为典型的沙蚕型,吻的口环及颚环上均有圆锥形齿。前两对疣足为单叶型,其余为双叶型。背刚毛为等齿刺状,在体中部或体后部为等齿镰刀形刚毛代替。腹刚毛为等齿、异齿刺状刚毛和异齿镰刀形刚毛。见图 12-5。

图 12-4 鳃蚕属 Potamilla
(引自李永函等,2002)

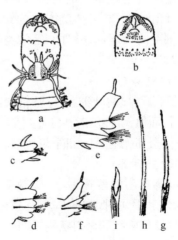

图 12-5 旗须沙蚕 N. vexillosa(引自李永函等,2002)
a. 体前端吻外翻背面观;b. 吻腹面观;c. 第 1 对疣足;
d. 第 15 对疣足;e. 体中部疣足;f. 体后部疣足;
g. 等齿刺状刚毛;h. 异齿刺状刚毛;i. 等齿镰刀形刚毛

6. 围沙蚕属 Perinereis

口前叶具两个触手,围口节 4 对触须,吻的口环和颚环上均有齿,Ⅵ区的齿为扁三角形、横棒状或圆锥形齿混在一起,其余区均为圆锥形齿。除前两对疣足为单叶型外,其余均为双叶型。背刚毛全部为刺状刚毛,腹刚毛有刺状和镰刀状两种刚毛。见图 12-6。

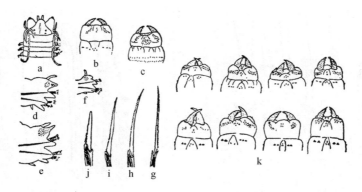

图 12-6　双齿围沙蚕 P. aibuhitensis(引自李永函等,2002)

a. 体前端背面观;b. 吻背面观;c. 吻腹面观;d. 第 15 对疣足;
e. 体中部疣足;f. 体后部疣足;g. 等齿刺状刚毛;h～i. 异齿刺状刚毛;
j. 异齿镰刀形刚毛;k. 示Ⅰ区、Ⅱ区、Ⅴ区、Ⅵ区齿的变化(吻背面观)

7. 疣吻沙蚕属 Tylorrhynchus

口前叶有两个触手,围口节触须 4 对。吻的口环和颚环上具软的乳突,无坚硬的小齿。除前两对疣足为单叶型外,其他均为双叶型。前部疣足背须的基部粗,至末端渐变细。无下腹舌叶。背刚毛为刺状刚毛,腹刚毛为刺状和镰刀状刚毛。见图 12-7。

8. 水丝蚓属 Limnodrilus

体长 35～65 mm。口前叶圆锥形,体褐红色,后部呈黄绿色。背部仅有钩状刚毛,末端有二叉。腹刚毛形状相似。环带明显,在第Ⅺ-1/2Ⅻ节,呈戒指状。受精囊内常有精荚,具有长筒状的阴茎鞘。其阴茎鞘的长度与末端形状是鉴定种的重要依据之一。霍甫水丝蚓 L. hoffmeisteri 阴精鞘长筒状,全长约为最宽部的 10～14 倍,末端呈喇叭状;克拉泊水丝蚓 L. claparedianu 阴茎鞘与霍甫水丝蚓相似,但长为最宽部的 20～40 倍;奥特开水丝蚓 L. udekemisanus 阴茎鞘末端龟头状,其长约为宽的四倍;瑞士水丝蚓 L. helveticus 阴茎鞘末端成锚状,长为宽的 4～5.6 倍。见图 12-8。

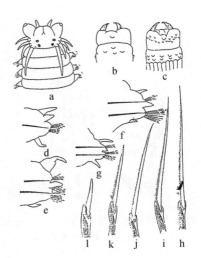

图 12-7　疣吻沙蚕 T. heterochaeta (引自李永函等,2002)

a. 体前端背面观;b. 吻背面观;c. 吻腹面观;d. 第 1 对疣足;e. 体前部疣足;f. 体中部疣足;g. 体后部疣足;h. 等齿刺状刚毛;i. 异齿刺状刚毛;j. 稍异齿刺状刚毛;k. 异齿镰刀形刚毛,端片有齿;l. 异齿镰刀形刚毛,端片光滑

9. 颤蚓属 *Tubifex*

本属虫体微红色。口前叶稍圆,背刚毛自第Ⅱ节起开始出现,腹刚毛每束3～6条,针状刚毛有两个长叉,中间有2～12个细齿。雌性生殖孔一对,位于第Ⅹ节。受精囊长圆形,无精荚。本属种类分布广泛,能忍受高度缺氧环境,常为最严重污染区的优势种。如常见的中华颤蚓 *T. sinicus*。见图12-9。

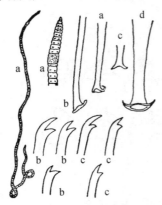

图 12-8　水丝蚓属 *Limnodrilus*
（引自赵文,2005）

a. 霍甫水丝蚓 *L. hoffmeisteri*；b. 克拉泊水丝蚓 *L. claparedianus*；c. 奥特开水丝蚓 *L. udekemisanus*；d. 瑞士水丝蚓 *L. helveticus*

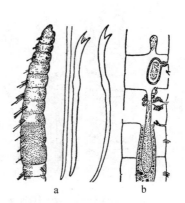

图 12-9　中华颤蚓 *T. sinicus*
（引自李永函等,2002）

a. 前端侧面观与刚毛；b. 解剖图

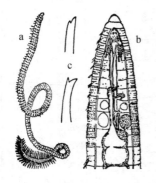

图 12-10　苏氏尾鳃蚓 *B. sowerbyi*
（引自李永函等,2002）

a. 整体；b. 解剖图；c. 刚毛

10. 尾鳃蚓属 *Branchiura*

本属是颤蚓类中最大的种类。体长达150 mm,淡红或淡紫色。在虫体后部约三分之一处开始,每节有一对丝状鳃。最前面的最短,逐渐增长,有60～160对,着生在背腹两面。其生命可达一年之久。如苏氏尾鳃蚓 *B. sowerbyi*。见图12-10。

11. 仙女虫属 *Nais*

身体通常细长,体长6～10 mm,前端常带有棕黄色。两侧各有一个眼或无眼,有一个明显的头部。其刚毛形状有三种：长在背面的每束有1～2条发状刚毛和1～2条针状刚毛以及腹面的钩状刚毛。背刚毛在第Ⅵ节才开始出现。仙女虫利用咽头舔刮藻类、植物碎屑或细菌。在一年中大部分时间进行无性芽裂生殖,有性生殖多在6～7月间进行。本属常见种类有参差仙女虫 *N. variabilis*、貌形仙女虫 *N. pardalis*。见图12-11。

12. 杆吻虫属 *Stytaria*

本属最突出的特点是有由口前叶延伸成的吻,吻柔软、杆状,有助于摄食与防御敌害。常在水草中爬行,亦能做短距离游泳,其他特点与仙女虫相似。本属种类不多,常见的有尖头杆吻虫 *S. fossularis*。见图12-12。

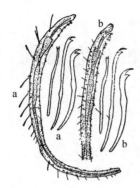

图 12-11　仙女虫属 *Nais*
（引自李永函等,2002）
a. 参差仙女虫 *N. variabilis*;
b. 貌形仙女虫 *N. pardalis*

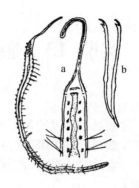

图 12-12　杆吻虫属 *Stytaria*
（引自赵文,2005）
a. 整体及前段腹面观；b. 腹刚毛

【作业】

　　1. 绘沙蚕头部和疣足的结构,标注各部分结构名称,标出所观察沙蚕吻部齿排列情况。

　　2. 说出所观察的沙蚕疣足上刚毛的类型,并绘图表示。

　　3. 绘中华颤蚓的前端侧面观、刚毛及解剖图。

　　4. 绘尾鳃蚓的刚毛和解剖图。

实验 13　腹足纲常见属种的形态特征

【实验目的】

1. 掌握腹足纲贝壳的形态构造,识别常见种类。
2. 掌握腹足纲的内部构造,掌握解剖和观察其消化系统的过程。
3. 掌握常见养殖经济种类的鉴定并了解其生活环境。

【实验材料】

螺类贝壳、鲍属、圆田螺属、环棱螺属、玉螺属、宝贝属、红螺属、泥螺属、马蹄螺属、蝾螺属、钉螺属、豆螺属、沼螺属、蟹守螺属、蜘蛛螺属、冠螺属、法螺属、角螺属、瓜螺属、芋螺属、萝卜螺属的标本。

【实验用具】

解剖镜、放大镜、镊子、白瓷盘、擦镜纸、解剖针、纱布、培养皿。

【实验步骤】

将小型标本置于放大镜或解剖镜下观察,大型标本直接用肉眼观察。

【实验内容】

1. 螺类贝壳的形态观察

观察壳顶、壳口、螺层、缝合线、绷带、脐孔、生长线、肋、棘和各种花纹等。见图 13-1。

2. 鲍属 *Haliotis*

贝壳低,螺旋部退化,螺层少,体螺层及壳口极大,几占全部贝壳。自壳口开始沿贝壳左侧有一列开孔,这 7~9 个开孔组成的螺肋把壳面分成左右两部,外唇薄,呈刀刃状,内唇有狭长片状的遮缘。壳内面具强的珍珠光泽。壳又称石决明,是名贵的药材。见图 13-2。

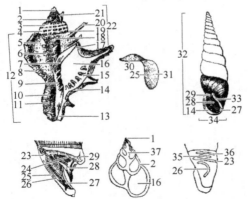

图 13-1　腹足纲贝壳模式图(引自赵文,2005;张玺,1962)

1. 胚壳;2. 螺纹;3. 螺肋;4. 纵肋;5. 颗粒突起;6. 结节突起;7. 内唇;8. 纵胀脉; 9. 褶襞;10. 脐;11. 绷带;12. 体螺层;13. 前沟;14. 外唇;15. 外唇;16. 壳口;17. 后沟;18. 角状突起;19. 缝合线;20. 棘状突起;21. 翼肋;22. 螺旋部;23. 主襞;24. 螺旋板;25. 闭瓣;26. 月状瓣;27. 下轴板;28. 下板;29. 上板;30. 柄部;31. 瓣部;32. 壳高;33. 上缘;34. 壳宽;35. 平行板;36. 缝合襞;37. 螺轴

图 13-2　鲍属 *Haliotis*
(引自张玺,1962)

a. 皱纹盘鲍 *H. discus*;b. 杂色鲍 *H. diversicolor*

3. 圆田螺属 *Cipangopaludina*

贝壳表面光滑、坚厚，一般不具环棱，具有明显的生长线，具 6～7 个螺层，螺层膨胀，缝合线深，壳口卵圆形，外唇简单，内唇较厚，贴附在体螺层上，脐孔缝状，具有同心圆生长纹线，厣角质，厣核靠近内唇中央。个体较大，有较高食用价值。见图 13-3。

4. 环棱螺属 *Bellamya*

贝壳中等大，壳质较厚，外形有圆锥形或梨形；体螺层大，具环棱，缝合线明显；脐孔窄小；壳口卵圆形或梨形，上方有一锐角，边缘完整；外唇薄，易碎，内唇略厚，上方贴附在体螺层上；脐孔较深，呈缝状，厣角质，梨形，黄褐色，有同心圆生长线，厣核靠近内唇中央。见图 13-4。

图 13-3　圆田螺属 *Cipangopaludina*（引自赵文，2005）
a. 胀肚圆田螺 *C. ventricosa*；b. 中国圆田螺 *C. chinensis*；
c. 中华圆田螺 *C. cathayensis*

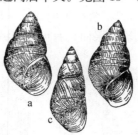

图 13-4　环棱螺属 *Bellamya*
（引自赵文，2005）
a. 梨形环棱螺 *B. purificata*；
b. 铜锈环棱螺 *B. aeruginosa*；
c. 方形环棱螺 *B. quadrata*

5. 玉螺属 *Natice*

贝壳呈球形、卵形或耳形，壳质多坚厚；螺层数少，螺塔短，体螺层膨胀，贝壳表面光滑或具纤细的刻纹，壳口大而完全，呈半圆形或圆形，外唇简单而薄，内唇多向脐孔反曲，厣角质或石灰质。见图 13-5。

6. 宝贝属 *Cypraea*

壳呈卵圆形，质坚固，壳面平整而富光泽；螺旋部狭小，通常被琅琊质埋没，埋于体螺层中；壳口狭长，唇缘厚，具齿，无厣。外套膜和足均发达，生活时伸展遮被贝壳。见图 13-6。

7. 红螺属 *Rapana*

壳大而坚厚，略呈方形，壳面有环肋，肋上有等距离的短棘，螺层约 6 层；壳口内面呈杏红色。分布于低潮浅水附近或浅海岩礁之间，肉可食用。见图 13-7。

图 13-5　斑玉螺 *N. maculosa*
（引自张玺，1962）

图 13-6　虎斑宝贝 *C. tigris*
（引自齐钟彦，1996）

图 13-7　红螺 *R. Linnaeus*
（引自齐钟彦，1996）

8. 泥螺属 *Bullacta*

体长方形,壳呈卵圆形;质膜脆,表面有螺旋状条纹,无螺塔或脐,无厣;头盘大而肥厚,呈拖鞋状;侧足发达,遮盖贝壳 1/2 部分。见图 13-8。

9. 马蹄螺属 *Trochus*

贝壳圆锥形,基部极扁平;螺层扁平,壳口小,斜马蹄形;外唇薄而简单,内唇厚,略扭成"S"形,端部具齿;脐漏斗状,厣角质。见图 13-9。

10. 蝾螺属 *Turbo*

壳陀螺形,有圆的螺旋部;体螺层及其膨大,有间隔相等的螺肋,其上有结节,壳口圆;壳内具有珍珠光泽,外唇在第一环肋处形成一半管状缺刻,厣大而重。热带性种类,由于具有极厚的珍珠层而具有很高的经济价值。见于我国的台湾(绿岛)、海南省三亚。见图 13-10。

图 13-8　泥螺 *B. exarata*　　　图 13-9　大马蹄螺 *T. niloticus*　　　图 13-10　夜光蝾螺
（引自齐钟彦,1996）　　　　　　（引自张玺,1962）　　　　　　　　*T. marmoratus*
　　　　　　　　　　　　　　　　　　　　　　　　　　　　　　（引自张玺,1962）

11. 钉螺属 *Oncomelania*

贝壳塔形,较小;壳质厚,有 6~9 个螺层,螺层膨突,壳顶尖,壳面平滑或有肋,缝合线深,壳口卵圆形;外唇背侧多有一唇嵴,脐孔不显著,壳口卵圆形,厣角质。是日本吸血虫的中间宿主。见图 13-11。

12. 豆螺属 *Bithynia*

贝壳卵形或宽圆锥形,壳面光滑;壳口光滑,呈椭圆形或近方形;口缘不甚厚,无脐或脐缝,缝合线深;壳面呈棕色、棕褐色或灰褐色;厣为石灰质的薄片,与壳口同样的大小,通常不能拉入壳内,具有同心圆的生长纹。见图 13-12。

13. 沼螺属 *Parafossarulus*

贝壳卵圆锥形,质坚厚;螺塔高,螺层略凸,壳面上具有螺棱或螺旋纹;具有脐缝;壳口卵圆形,口缘厚;厣石灰质。见图 13-13。

图 13-11　湖北钉螺　　　　图 13-12　赤豆螺　　　图 13-13　沼螺属 *P. fossarulus*
　　O. hupensis　　　　　*B. fuchsiana*（引自张玺,1962）　　　　（引自张玺,1962）
　　　　　　　　　　　　　　　　　　　　　　　　　　　　a. 纹沼螺 *P. striatulus*;
　　　　　　　　　　　　　　　　　　　　　　　　　　　　b. 中华沼螺 *P. sinesis*

14. 蟹守螺属 *Cerithium*

贝壳呈长锥形,壳顶尖,各螺层宽度均匀增加,壳面具环肋和结节;体螺层左侧有膨胀部,其基部收缩;壳口斜卵形,前沟长,伸向背方,后沟呈缺刻状,内唇扩张,厣角质。见图13-14。

15. 蜘蛛螺属 *Lambis*

壳轴的滑层很发达,外唇扩张,边缘具有数条爪状长棘;最具特色的是双眼发达,眼柄上有长而尖的触手,可自由伸缩。壳表面饰纹雕刻丰富多彩。壳口多狭长,具前、后水管沟,外唇宽厚,前端常有虹吸道。壳边近前端呈锯齿状,称为"凤凰螺缺刻",这个缺刻是该螺类右眼伸出偷窥外界环境变化的管道。厣角质,小,边缘常呈锯齿状。见图13-15。

16. 冠螺属 *Cassis*

壳坚厚,体螺层很大,内、外唇扩张,前沟短而扭曲,唐冠螺 *C. cornuta* 壳厚而重,因壳形似唐代的帽子而得名,为螺类中最大的种类,我国海南和台湾有分布。见图13-16。

图13-14　中华蟹守螺
C. sinense(引自张玺,1962)

图13-15　水字螺 *L. chiragra*
(引自齐钟彦,996)

图13-16　唐冠螺 *C. cornuta*
(引自齐钟彦,1996)

17. 法螺属 *Charonia*

贝壳圆锥形或喇叭形,后端尖细,前端扩展,壳质竖厚;螺层约10层,每层的壳面稍膨胀;每一螺层表面具一强大的纵肋,其基部左侧常延伸成片状。贝壳表面光亮,黄褐色,并具有半月形或三角形的褐色斑纹;壳口卵圆形,内面橘红色,具瓷光;厣角质,生长纹清晰,核位于中央,足部异常发达。见图13-17。

18. 角螺属 *Hemifusus*

贝壳略呈梨形,壳大而质坚厚,前后端尖。螺旋部稍短,锥形,每层中部扩张形成肩角,上有强棘;体螺层中部膨大,前端尖长,壳面被一层黄褐色的外皮,上生茸毛;外唇厚,边缘完整;内唇厚,贴附于体螺层上;前沟长,无脐,厣角质。分布于近海。肉肥大,可供食用,壳可作号角。见图13-18。

图13-17　法螺
C. tritonis

19. 瓜螺属 *Cymbium*

贝壳大型,螺旋部短小,近球形,大多数为体螺层包被,仅小部分露出;体螺层极其膨大,壳面较光滑,壳口大,呈卵圆形;外唇弓形、薄;内唇扭曲,贴附于体螺层上,下部具4条扭曲皱襞,前沟短而宽,向内凹入成一个大的缺刻。见图13-19。

图 13-18　管角螺 *H. tuba*
（引自齐钟彦，1996）

图 13-19　瓜螺 *C. melo*（引自
齐钟彦，1996）

20. 芋螺属 *Conus*

壳呈纺锤形，质坚厚，缝合线浅；体螺层大，壳口狭长；外唇边缘薄，前沟宽而短；厣角质。贝壳表面光滑而美丽，为暖水性种类，分布于我国南海，多生活于潮间带珊瑚礁间。见图 13-20。

21. 萝卜螺属 *Radix*

贝壳薄，卵圆形，右旋，螺旋部短小而尖锐；体螺层极其膨大，壳口大；内唇宽，贴附于体螺层上，具缘略扭曲；脐孔缝状。见图 13-21。

图 13-20　乐谱芋螺 *C. musicus*（引自
http://www.ntm.gov.tw/)

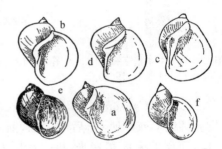

图 13-21　萝卜螺属 *Radix*（引自齐钟彦，1996；
赵文，2005）
a. 耳萝卜螺 *R. auricularia*；b. 折叠萝卜螺 *R. plicatula*；
c. 椭圆萝卜螺 *R. swinhoei*；d. 直缘萝卜螺 *R. clessine*；
e. 卵萝卜螺 *R. ovata*；f. 空萝卜螺 *R. tagotis*

【作业】

1. 识别腹足纲种类贝壳各部分的名称。

2. 从实验材料中任选三个属的种类绘图。

实验 14　瓣鳃纲常见属种的形态特征

【实验目的】

1. 掌握瓣鳃纲贝壳的形态构造,识别常见种类。
2. 认识代表经济种类,并了解分类地位。

【实验材料】

毛蚶属、贻贝属、栉孔扇贝属、牡蛎属、帆蚌属、文蛤属、缢蛏属、泥蚶属、股蛤属、江珧属、珠母贝属、扇贝属、无齿蚌属、冠蚌属、丽蚌属、矛蚌属、蚬属、青蛤属、砗磲属、蛤蜊属等标本。

【实验用具】

解剖镜、放大镜、镊子、白瓷盘、擦镜纸、解剖针、纱布、培养皿。

【实验步骤】

将小型标本置于放大镜或解剖镜下观察,大型标本直接用肉眼观察。

【实验内容】

观察双壳类贝壳的壳顶、小月面、生长线、韧带、盾面、主齿、前侧齿、后闭壳肌痕、前闭壳肌痕、外套窦、外套线等结构。见图 14 - 1。

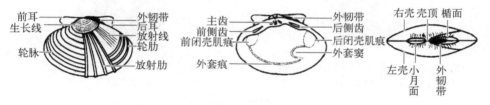

图 14 - 1　瓣鳃纲贝壳各部分名称(引自赵文,2005)

1. 毛蚶属 *Scapharca*

壳呈长卵圆形,质坚厚,两壳稍不等,右壳稍小;壳表面具放射肋 33～35 条,肋上具小结节,生长纹在腹侧(极明显);壳内白色,壳缘具齿;绞合部直,齿细密;前闭壳肌痕呈马蹄形,后闭壳肌近卵圆形;壳面覆褐色绒毛状壳皮,绞合部直,生活在浅海泥沙质海底。见图 14 - 2。

2. 贻贝属 *Mytilus*

壳呈楔形,中等大,前端尖细,后端宽圆;壳薄而短,壳表呈

图 14 - 2　毛蚶 *S. sbcrenata*
(引自张玺,1962)

黑褐色,壳顶位于壳的最前端;腹缘直,背缘与腹缘构成 30°角,背缘中部以后渐向后腹缘延伸,使背缘呈弧形。见图 14 - 3。

3. 栉孔扇贝属 *Chlamys*

贝壳呈扇形,两壳近相等;壳顶两侧具壳耳,前耳大,有足丝孔;壳面放射肋 23 条,肋间形成深沟,沟内具细的放射肋 3 条;后闭壳肌大。是制干贝的优良品种。见图 14 - 4。

图 14-3　贻贝 *M. edulis*
（引自张玺，1962）

图 14-4　华贵栉孔扇贝 *C. nobilis*
（引自张玺，1962）

4. 牡蛎属 *Ostrea*

贝壳中大型，两壳不等，左壳较大，常以此固着；左壳面具粗的放射肋，右壳面呈鳞片板状，内面白色或略呈紫色，绞合部前缘和后缘有弱的刻纹。见图 14-5。

5. 帆蚌属 *Hyriopsis*

壳大型，卵形质坚厚；壳顶偏前端，后背缘扩张成一帆状的后翼，绞合齿中拟主齿不发达，侧齿在左壳上有 2 枚，右壳上有 1 枚，皆细长。此蚌为育珠质量最佳者。见图 14-6。

图 14-5　密鳞牡蛎 *O. denselamellosa*
（引自 http：//www. ntm. gov. tw/）

图 14-6　三角帆蚌 *H. cumingii*
（引自赵文，2004）

6. 文蛤属 *Meretrix*

壳近三角形，质坚厚；壳面光滑，被有发光的淡棕色外皮，花纹常多变。生活于潮间带或浅海区的细沙底质表层，常因水温改变而有移动的习性。通过分泌胶质或囊状物，使身体浮于水中，随水流而移动。见图 14-7。

7. 缢蛏属 *Sinonovacula*

壳成长筒形，质薄；壳中央稍前自壳顶至腹缘有一微凹的斜沟；绞合部小；主齿在右壳上有 2 枚，左壳上有 3 枚；外套膜在足孔周围有 2~3 排触手，水管细长，两管分离。见图 14-8。

图 14-7　文蛤
M. meretrix

图 14-8　缢蛏 *S. constricta*
（引自张玺，1962）

8. 泥蚶属 *Tegillarca*

壳极坚厚，呈卵圆形，两壳相等，相当膨胀；壳顶突出，尖端向内弯，位于前方，两壳顶间的距离远；表面放射肋 18～21 条，肋上具极显著的颗粒状结节，此种结节在成体壳的边缘较弱；壳表面被褐色薄皮，生长轮脉在腹缘明显，略呈鳞片层；韧带面宽，呈箭头状，稍倾斜，韧带角质，黑色，布满菱形沟；壳内面灰白色，边缘具有与壳面放射肋相应的深沟；绞合部直，齿细密；前闭壳肌痕较小，呈三角形，后闭壳肌痕大，近方形。见图 14-9。

图 14-9　泥蚶 *T. granosa*
（引自张玺，1962）

9. 股蛤属 *Limnoperna*

贝壳小、质薄；壳顶位于最前端，尖、背缘和后缘连成弧形，腹缘平直，贻贝形；以足丝附着他物上，营固着生活。见图 14-10。

10. 江珧属 *Atrina*

贝壳同大，略呈三角形；壳顶尖，后半部逐渐突出，后缘略呈弓形。江珧多营埋栖生活，当幼虫下沉附着后，一般不再移动，以壳尖插入泥沙中，足丝附着在沙粒上，壳的后端露出地面生活。江珧肉味鲜美，干制品叫江珧柱，具是较高经济价值。见图 14-11。

图 14-10　湖沼股螺 *L. lacustris*
（引自张玺，1962）

图 14-11　栉江珧 *A. pectinata*
（引自张玺，1962）

11. 珠母贝属 *Pinctada*

壳斜四方形，壳顶位于中部靠前端；后耳大，前耳稍小；背缘平直，腹缘圆；两壳不等，左壳稍凸，右壳较平；壳内面中部珍珠层厚，光泽强，可产珍珠，如马氏珠母贝 *P. martensii*；同心生长轮脉极细密，片状，薄而脆，极易脱落；足丝孔大，足丝呈毛发状。是培养珍珠的优良品种，如合浦珍珠，品质优良，久负盛名。见图 14-12。

12. 扇贝属 *Pecten*

两壳不等，前后壳耳近相等；无特殊的足丝孔，如嵌条扇贝 *P. laqueatus*；左壳平，右壳突出，放射肋 11 条。见图 14-13。

图 14-12　马氏珠母贝 *P. martensii*
（引自张玺，1962）

图 14-13　嵌条扇贝 *P. laqueatus*（引自
http://www.ntm.gov.tw/）

13. 无齿蚌属 *Anodonta*

贝壳呈卵圆形或蚶形,薄,壳表平滑,绞合部无绞合齿,分布较广。见图 14-14。

14. 冠蚌属 *Cristaria*

壳大型或特大型,较薄,卵形,很膨胀;壳顶偏向前方、后背方扩张,有时发展成翼状;缺拟主齿,侧齿细长而弱,老成的个体侧齿消失。见图 14-15。

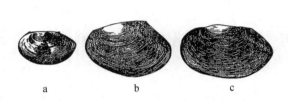

图 14-14　无齿蚌 *Anodonta*(引自赵文,2005)

a. 具角无齿蚌 *A. angula*;b. 背角无齿蚌 *A. woodiana*;

c. 钳形无齿蚌 *A. arcaeformis*

图 14-15　褶纹冠蚌 *C. plicata*

(引自张玺,1962)

15. 丽蚌属 *Lamprotula*

贝壳厚而坚硬,卵圆形或亚三角形;壳顶稍偏前方,壳表常具瘤状结节;铰合部发达,有强大的拟主齿和侧齿,两者在左壳上各有 2 枚,右壳上各有 1 枚。见图 14-16。

16. 矛蚌属 *Lanceolaria*

贝壳中等大小或大型,壳质厚,坚固;壳长为壳高的 2～5 倍,前端圆钝,无喙状突,后部细尖,通常呈矛状;拟主齿大,在左壳上有 2 枚,右壳上有 1 枚,侧齿细长,向后方延伸。见图 14-17。

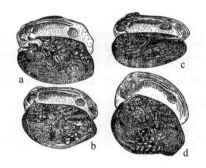

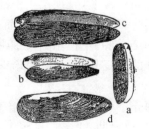

图 14-16　丽蚌属 *Lamprotula*(引自张玺,1962)

a. 洞穴丽蚌 *L. caveata*;b. 背瘤丽蚌 *L. leai*;

c. 巴氏丽蚌 *L. bazini*;d. 猪耳丽蚌 *L. rochechouarti*

图 14-17　矛蚌属 *Lanceolaria*

(引自赵文,2005)

a. 真柱矛蚌 *L. educylindrical*;b. 剑状矛蚌 *L. gladiotus*;c. 短褶矛蚌 *L. grayana*;d. 三形矛蚌 *L. triformis*

17. 蚬属 *Corbicula*

壳呈卵状三角形或带圆状三角形;有时壳顶高峻,有强壮的主齿 3 枚,前、后侧齿长;有外韧带,外套膜前端开口,水管短;足大,呈舌状。栖息于淡水或咸淡水中。见图14-18。

18. 青蛤属 *Cyclina*

壳近圆形,质薄,高度与长度几乎相等;壳顶较高尖端向前,壳面生长纹清楚;壳内面边缘具有整齐的小齿,近背缘齿稀、大;两壳各具主齿 3 枚。为常见经济种类。多栖息于潮间带有淡水流入的附近水域,埋栖深度约 15 cm。见图 14-19。

图 14-18　河蚬 *C. fluminea*
(引自刘月英等,1979)

图 14-19　青蛤 *C. sinensia*
(引自张玺,1962)

19. 砗磲属 *Tridacna*

贝壳极大,厚重,两壳不能完全闭合;放射肋极粗,壳缘有大的缺刻;绞合部主齿 2 枚,侧齿 1～2 枚;闭壳肌极大,1 个,位于中央腹侧。产于热带海洋。见图 14-20。

20. 蛤蜊属 *Mactra*

贝壳呈卵圆形或四角形,壳质坚厚;壳顶突出,位于背缘中稍靠前方,中部膨胀;多栖息在低潮线附近。见图 14-21。

图 14-20　鳞砗磲 *T. squamosa*
(引自张玺,1962)

图 14-21　四角蛤蜊 *M. veneriformis*
(引自张玺,1962)

【作业】

1. 写出瓣鳃纲分类依据和各目的主要特征,列出各科的常见种类,并从每个目中任选一种常见的养殖经济种类绘图,描述其形态特征。

2. 通过解剖观察,写出瓣鳃纲消化系统的组成,画出其消化系统图,并标出各部分名称。

实验 15　头足纲常见种类的形态特征

【实验目的】

1. 了解头足纲外部形态结构的主要特征及其在演化上的意义。
2. 认识头足纲的常见种类。

【实验材料】

珍珠鹦鹉螺、日本枪乌贼、太平洋褶柔鱼、太平洋僧头乌贼等标本。

【实验用具】

解剖镜、放大镜、解剖剪、镊子、解剖盘、烧杯、大头针、直尺、游标卡尺。

【实验步骤】

1. 日本无针乌贼的外形观察。
2. 头足纲常见种类观察。

【实验内容】

1. 珍珠鹦鹉螺 *Nautilus pompilius*

外壳表面十分光滑,无生长线,颜色多变;内部盘旋不可见,通常具增厚石灰质硬组织。栖息水深为 0～750 m。见图 15 - 1。

2. 日本枪乌贼 *Loliogo japonica*

体圆锥形,后部削直,粗壮,胴长约为胴宽的 4 倍;体表具大小相近的近圆形色素斑;鳍长超过胴长 1/2,两鳍相接略呈纵菱形;茎化部吸盘退化,吸盘柄特化为乳突;内壳角质,羽状,后部略狭,中轴粗壮,边肋细弱,叶脉细密。最大胴长 120 mm,最大体重 0.1 kg。见图 15 - 2。

图 15 - 1　珍珠鹦鹉螺
N. pompilius
(引自陈新军等,2009)

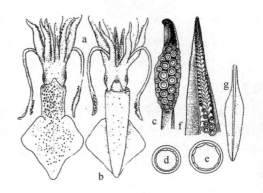

图 15 - 2　日本枪乌贼 *L. japonica*
(引自陈新军等,2009)

a. 背面观;b. 腹面观;c. 触腕穗;d. 触腕穗吸盘内角质环;
e. 腕吸盘内角质环;f. 茎化腕;g. 内壳

3. 太平洋褶柔鱼 Todarodes pacificus

体圆锥形，后部明显偏瘦，胴长约为胴宽的5倍；胴背中央有一条明显的黑色宽带，一直延伸到肉鳍后端；雄性右侧第4腕远端1/3茎化；内壳角质，狭长形，中轴细，边肋粗，后端具中空的狭菱形尾椎；最大胴长350 mm。见图15-3。

4. 太平洋僧头乌贼 Rossia pacifica

体圆袋形，胴宽为胴长的7/10，外套背部与头部不愈合；体表光滑，具大量色素；鳍较大，近圆形，两鳍呈耳状，鳍长约为胴长的3/5。雄性最大胴长45 mm，雌性最大胴长90 mm。见图15-4。

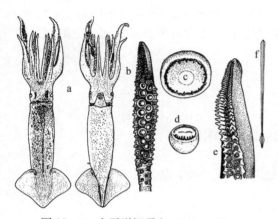

图15-3 太平洋褶柔鱼 T. pacificus
（引自陈新军等，2009）
a. 背面观和腹面观；b. 触腕穗；c. 触腕穗大吸盘；
d. 腕吸盘；e. 茎化腕；f. 内壳

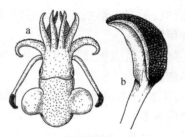

图15-4 太平洋僧头乌贼 R. pacifica
（引自陈新军等，2009）
a. 背面观；b. 触腕穗

【作业】

1. 总结头足纲动物的主要外部形态特征。
2. 编制头足纲常见种类的简易检索表。

实验 16　无甲类和贝甲类常见属种的形态特征

【实验目的】

1. 通过对卤虫属 *Artemia* 种类、南京丰年虫 *Chirocephalus nankinensis* 和四刺蚌虫 *Cyzicus tetracerus* 的观察，了解无甲类和贝甲类外部形态结构的主要特征及其在演化上的意义。

2. 认识无甲类和贝甲类的常见种类。

【实验材料】

卤虫、南京丰年虫、四刺蚌虫等标本。

【实验用具】

解剖镜、放大镜、解剖剪、镊子、解剖盘、培养皿、大头针。

【实验步骤】

将实验标本用镊子轻轻取出，放在培养皿内，在解剖镜下观察。

【实验内容】

1. 卤虫属 *Artemia*

属于节肢动物门，有鳃亚门，甲壳纲，鳃足亚纲，无甲目，盐水丰年虫科。

体延长，全长 1.2～1.5 cm，明显地分为头、胸、腹三部分，分节明显。头部 5 节，具单眼及一对有柄的复眼。第一触角丝状；第二触角雌性呈一小突起，雄性变成执握器，2 节，宽扁，呈斧状。胸部 11 节，有胸肢 11 对，为游泳肢。腹部由 8 节构成，不具附肢，第 1～2 节愈合。雌性腹面形成卵囊，雄性形成一对交配器。末节有 2 个扁平的尾叉，边缘具刚毛。见图 16-1 和图 16-2。

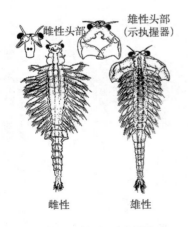

图 16-1　卤虫的外形（引自董聿茂，1982）

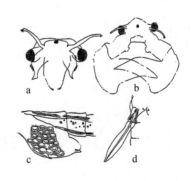

图 16-2　卤虫 *A. salina*（引自董聿茂，1982）
a. 雌性头部前面观；b. 雄性头部前面观；
c. 雌性卵囊侧面观；d. 雄性阴茎外侧观

2. 南京丰年虫 *Chirocephalus nankinensis*

属于节肢动物门，甲壳动物亚门，鳃足纲，无甲目，丰年虫科，丰年虫属。

体圆柱形，不很细。胸部11节，腹部9节。叶足11对，各对结构基本相同。每只叶足有2片前上肢或者只有1片前上肢而边缘留有深的缺刻。见图16-3。

3. 四刺蚌虫 *Cyzicus tetracerus*

属于双甲目，贝甲亚目，棘尾部，蚌虫科。

体被两片介壳；壳顶近前端，壳上有同心环纹；小触角单肢型，细小；大触角双肢型，发达，为主要运动器官；躯干肢细长，雄性第一对和第二对躯干肢形成钳状执握器。常栖息于浅水泥底中，筛食浮游生物和有机碎屑。见图16-4。

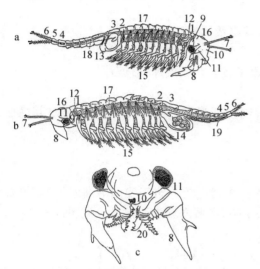

图16-3　南京丰年虫 *C. nankinensis*
（引自徐凤早，1933）
a. 雄体概形侧面观；b. 雌体概形侧面观；
c. 雄体头部前面观
1. 第一胸节；2. 第十一胸节；3. 第一腹节；4. 第八腹节；5. 尾节；6. 尾叉；7. 第一触角；8. 第二触角；9. 大颚；10. 无节幼体眼；11. 复眼；12. 小颚腺；13. 阴茎；14. 孵育囊；15. 胸肢；16. 颈感器；17. 肠道；18. 精巢；19. 卵巢；20. 触角附肢

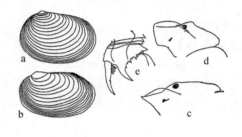

图16-4　四刺蚌虫 *C. tetracerus*
（引自董聿茂，1982）
a. 雌性壳瓣；b. 雄性壳瓣；c. 雌性头部；
d. 雄性头部；e. 雌性后腹部

【作业】

1. 绘卤虫外部形态图。

2. 绘卤虫和南京丰年虫头部结构图。

实验 17　糠虾类和端足类常见属种的形态特征

【实验目的】

1. 观察糠虾类和端足类的代表属种的形态构造。
2. 识别常见种类并了解其分类地位。

【实验材料】

囊糠虾属、新糠虾属、刺糠虾属、钩虾属、蜾蠃蜚属标本。

【实验用具】

解剖镜、放大镜、解剖针、瓷盘、培养皿、镊子、纱布、载玻片、盖玻片。

【实验步骤】

用镊子将标本取出,置于培养皿中,在解剖镜下观察。糠虾目的标本,可对其腹肢进行解剖观察。

【实验内容】

1. 囊糠虾属 *Gastrosaccus*

尾节末端有显著凹陷,额角小,末端钝圆。本属广泛分布于我国沿海水域,如漂浮囊糠虾 *G. pelagicus* 和儿岛囊糠虾 *G. kojimaensis*,在黄海和渤海常见。见图17-1。

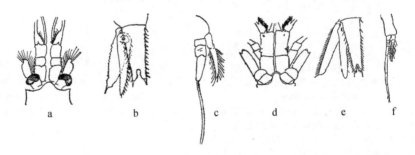

图 17-1　囊糠虾属 *Gastrosaccus*(引自梁象秋等,1996;赵文,2005)

a~c. 儿岛囊糠虾 *G. kojimaensis*;d~f. 漂浮囊糠虾 *G. pelagicus*;
a,d. 头部背面观;b,e. 尾扇;c,f. 第三腹肢

2. 新糠虾属 *Neomysis*

第 2 触角外肢狭长且分节;尾节狭长,具 4 个末端刺。我国沿海常见种为日本新糠虾 *N. japonica*、拿氏新糠虾 *N. nakazawai* 和黑褐新糠虾 *N. awatschemsis*。见图17-2。

3. 刺糠虾属 *Acanthomysis*

第 2 触角外肢顶端圆,额角向前伸展为刺状突;尾节末端具 2 个刺。我国北部沿海的优势种是长额刺糠虾 *A. Longirostris*。见图17-3。

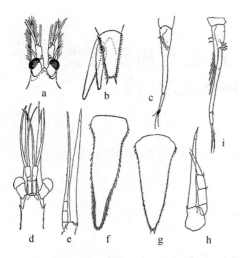

图 17-2　新糠虾属 *Neomysis*(引自刘瑞玉,1995)

a～c. 黑褐新糠虾 *N. awatschemsis*;d～f. 拿氏新糠
虾 *N. nakazawai*;g～i. 日本新糠虾 *N. japonica*;a,
d. 雄性头部背面观;b,f,g. 尾节背面观;c,i. 第 4 腹
肢;e,h. 第二触角

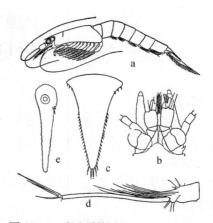

图 17-3　长额刺糠虾 *A. Longirostris*
(引自刘瑞玉,1995)

a. 整体侧面观;b. 头部背面观;c. 尾节;
d. 第 4 腹肢;e. 尾肢的内肢

4. 钩虾属 *Gammarus*

尾节的裂缝很深;最后 3 个腹节有束状小毛。多为淡水产,通常在湖泊的多水草处生活,常大量繁殖,数量很大,是鱼类良好的天然饵料。盐度 20 以下的内陆盐水域中也常见。见图17-4。

5. 蜾蠃蜚属 *Corophium*

体较平扁,腹部小;第一触角的副鞭有或无;额触须 2 节;第一触角无副鞭;第二触角雄性大而发达;腮足细弱。常管栖,沿海极为常见,有时拖网会采到极多。见图17-5。

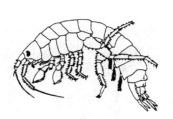

图 17-4　钩虾属 *Gammarus*
(引自任先秋,2012)

图 17-5　蜾蠃蜚属 *Corophium*
(引自任先秋,2012)

【作业】

绘糠虾的平衡囊及外形图。

实验 18　磷虾类、口足类和蔓足类常见属种的形态特征

【实验目的】

1. 观察磷虾类（发光器）、口足类（解剖）和蔓足类的形态的代表属种的形态构造。
2. 识别经济种类并了解其分类地位。

【实验材料】

口虾蛄属、磷虾属、茗荷属、龟足属、藤壶属等标本。

【实验用具】

解剖镜、放大镜、解剖针、瓷盘、培养皿、镊子、纱布、载玻片、盖玻片。

【实验步骤】

将标本置于解剖镜下观察。

【实验内容】

1. 口虾蛄属 *Oratosquilla*

体不被网状脊突起，体表也无黑色斑纹。头胸甲的中央脊近前端呈"Y"形。第五至第七胸节侧突分两瓣。眼柄不膨大，角膜比柄宽。捕肢节背缘有 3～5 齿，掌节具栉状齿。腹部的纵棱不多于 8 条。见图 18-1。

2. 磷虾属 *Euphausia*

头胸甲下缘有 1～2 侧齿；第 7、第 8 对胸肢都很退化，由短小、不分节的刚毛突构成；腹肢发达，雄性第一对腹肢内肢变为交接器。见图 18-2。

图 18-1　断脊口虾蛄 *O. interrupta*
（引自 Farzana Yousuf，2003）

图 18-2　磷虾属 *Euphausia*
（引自赵文，2005）

3. 茗荷属 *Lepas*

头状部具 5 片壳板；楯板近三角形；峰板弯曲，上端插入背板之间；通常具丝突及尾

突。附着于浮物或游泳动物体上。见图 18 - 3。

4. 龟足属 *Pollicipes*

头状部有 5 片以上的石灰质板；柄有鳞片，无丝突；壳板超过 18 片，具有 1～9 排轮生的侧板；具尾突，1～8 节。见图 18 - 4。

5. 藤壶属 *Balanus*

周壳壁板为 6 片，盖板占据壳口的全部，周壳基底膜质或石灰质，周壳壁板有管道，幅部无管；有放射管和沟；第 3 蔓足各节腹前侧有小齿。栖息于潮间带或潮下带，附于岩石、水下设施及船底。见图 18 - 5。

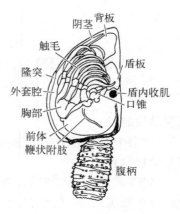

图 18 - 3　茗荷属 *Lepas*
（引自 Anderson，1980）

图 18 - 4　龟足属 *Pollicipes*

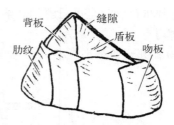

图 18 - 5　藤壶属 *Balanus*

【作业】

1. 绘磷虾的外部形态及发光器图。

2. 从口足类和蔓足类中任选两种绘图。

实验 19　十足类常见属种的形态特征

【实验目的】

观察十足类的代表属种的形态构造，识别经济种类并了解分类地位。

【实验材料】

对虾属对虾、新对虾属、鹰爪虾属、仿对虾属、毛虾属、沼虾属、白虾属、原螯虾属、龙虾属、寄居蟹属、绒螯蟹属、青蟹属、梭子蟹属等标本。

【实验用具】

解剖镜、放大镜、解剖器、瓷盘、培养皿、镊子、纱布、载玻片、盖玻片。

【实验步骤】

先查阅资料，了解十足类的相关形态特征，然后取标本于放大镜或解剖镜下观察，必要时需对其步足和腹足进行解剖观察。

【实验内容】

1. 对虾外形的形态观察（图 19-1）

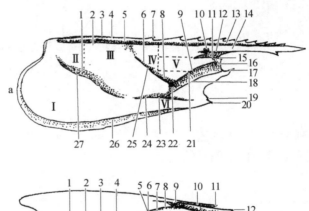

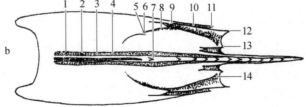

图 19-1　虾头胸甲的外部形态（引自刘瑞玉，1955）

a. 侧面观；b. 背面观

a. 头胸甲侧面观：Ⅰ. 鳃区；Ⅱ. 心区；Ⅲ. 肝区；Ⅳ. 胃区；Ⅴ. 眼区；Ⅵ. 颊区；

1. 心鳃沟；2. 额角侧脊；3. 额角后脊；4. 中央沟；5. 额角侧沟；6. 颈沟；7. 胃上刺；8. 颈沟；9. 眼胃脊；10. 眼胃沟；11. 额胃脊；12. 额胃沟；13. 额角侧沟；14. 额角；15. 眼眶刺；16. 眼后刺；17. 触角刺；18. 触角棘；19. 鳃甲刺；20. 颊刺；21. 眼眶触角沟；22. 肝刺；23. 肝沟；24. 肝刺；25. 肝上刺；26. 亚缘脊；27. 心鳃脊。

b. 头胸甲背面观：1. 额角侧脊；2. 额角后脊；3. 中央沟；4. 额角侧沟；5. 肝上刺；6. 颈沟；7. 胃上刺；8. 颈脊；9. 肝刺；10. 眼眶触角沟；11. 颊刺；12. 触角刺；13. 眼眶刺；14. 眼后刺

分区：额区、眼区、触角区、颊区、胃区、肝区、心区和鳃区。

刺：胃上刺、眼上刺、触角刺、鳃甲刺、颊刺、肝刺等。

脊：额角后脊、额角侧脊、额胃沟、眼后沟、肝沟、颈沟、心鳃沟等。

鳃：侧鳃、关节鳃、足鳃、肢鳃。

雌雄交接器：雌性该部位称受精囊，着生在第4、第5对步足基部的胸部腹甲上，其形状是对虾科种类的重要分类依据。

雄性交接器：由第一腹肢内肢愈合而成。

雄性腹肢：在第二腹肢内肢的内侧，内附肢的外侧，具一卵圆形多刺的结构，即为雄性附肢。

2. 新对虾属 *Metapenaeus*

额角仅上缘有齿，前三对步足具基节刺，第五步足无外肢。是浙江以南的重要经济种类。见图19-2。

3. 鹰爪虾属 *Trachypenaeus*

额角仅上缘有齿，头胸甲有短纵缝，腹部背面有脊，尾节背面有活动刺，但无固定刺，步足皆具外肢。雄性交接末端侧面宽大。见图19-3。

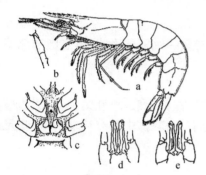

图 19-2　刀额新对虾 *M. ensis*

（引自赵文，2005）

a. 雌性全形；b. 单性第五步足之基部；c. 雌性交接
器；d. 雄性交接器（背面）；e. 雄性交接器（腹面）

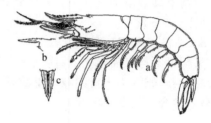

图 19-3　鹰爪虾 *T. curuirosiris*

（引自刘瑞玉，1955）

a. 雌性全形；b. 雄性额角；c. 尾节背面

4. 仿对虾属 *Parapenaeopsis*

额角仅上缘具齿，头胸甲具纵缝与横缝，第一、第二步足无座节刺。见图19-4。

5. 毛虾属 *Acetes*

体长为20～40 mm的小虾，额角短小，头胸甲具眼后刺；前三对步足为极微小的钳状，后两对步足完全退化。本属在沿海，尤其是渤海湾产量很大，其中以中国毛虾 *A. chinensis* 的产量最大。其尾肢的内肢有3～10个的小红点排成一列，由基部到末端逐渐变小。见图19-5。

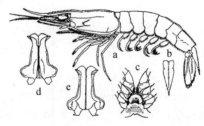

图 19-4　哈氏仿对虾 *P. hardwickii*

（引自浙江动物志编辑委员
会，1991）

a. 雌性侧面；b. 尾节背面；c. 雌性交接器；
d. 雄性交接器（腹面）；e. 雄性交接器（背面）

6. 沼虾属 *Macrobrachium*

头胸甲具触角刺,肝刺,无鳃甲刺,大颚须 3 节。第二步足通常比较粗大,雄性特别强大。见图 19－6。

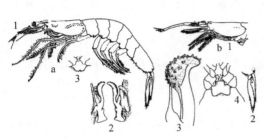

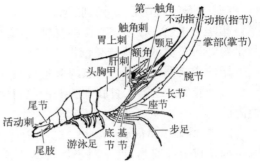

图 19－5　毛虾属 *Acetes*(引自刘瑞玉,1955)

a. 中国毛虾 *A. chinensis*;1. 雌性侧面观;
2. 雄性交接器;3. 雌性交接器;b. 日本毛虾
A. japonicus;1. 头胸部侧面观;2. 尾部;
3. 雄性交接器;4. 雌性交接器

图 19－6　日本沼虾 *M. nipponensis*
(引自赵文,2005)

7. 白虾属 *Exopalaemon*

头胸甲具触角刺,鳃甲刺,无肝刺;额角上缘基部具一鸡冠状隆起,第五腹节侧甲顶端圆。见图 19－7。

8. 原螯虾属 *Procambarus*

头胸甲不与口前板愈合;前三对步足呈螯状;腹肢缺内附肢,雄性第一、第二腹肢内肢变为交接器,雌性第 1 对腹肢为单肢型;尾肢的外肢有一横缝,中间有活动关节;步足的基节、座节愈合。见图 19－8。

图 19－7　白虾属 *Exopalaemon*
(引自李新正等,2007)

图 19－8　原螯虾属 *Procambarus*

9. 龙虾属 *Panulirus*

头胸甲呈圆柱形,与口前板愈合;无额角,眼上刺大,两者互相分离;第一触角鞭长,触角板宽而有刺,第二触角无鳞片,基部远离,且不遮盖第一触角基部;步足皆不呈螯状,无第一腹肢;尾肢外肢无横缝。见图 19－9。

10. 寄居蟹属 *Pagurus*

头胸甲长,不与口前板愈合;腹部比较发达,形状不对称,软而卷曲;第二触角在眼的外侧,鳞片很小;第一步足螯状,不等大;第四至第五步足细小,腹肢不成对,雄性缺第二腹肢,尾肢的外肢分节,左面常较右面发达。见图 19－10。

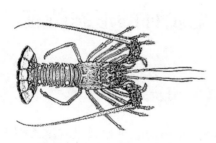

图 19-9　龙虾属 *Panulirus*
（引自梁象秋等,1996）

图 19-10　寄居蟹属 *Pagurus*
（引自梁象秋等,1996）

11. 绒螯蟹属 *Eriocheir*

头胸甲略呈方形;额平直,具 4 齿;前侧缘具 4 齿;螯足掌节密生绒毛,第三颚足长节长度约等于宽度。其幼体称大眼幼体,俗称蟹苗。见图 19-11。

12. 青蟹属 *Scylla*

头胸甲表面光滑分区不清;额具 4 齿,前侧缘具 9 齿,大小相等;螯足略不对称,光滑,掌部肿胀,末对步足桨状,末 2 节扁平,边缘生毛,适于游泳。见图 19-12。

13. 梭子蟹属 *Portunus*

头胸甲呈梭形,分区明显,表面有成群的颗粒,背面中央有三个疣状突起,一个在中胃区,两个在心区,额具 2 个额齿,口上脊露出在额齿之间。见图 19-13。

图 19-11　绒螯蟹属 *Eriocheir*
（引自赵文,2005）

图 19-12　青蟹属 *Scylla*
（引自赵文,2005）

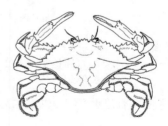

图 19-13　梭子蟹属 *Portunus*
（引自赵文,2005）

【作业】

1. 从新对虾属、鹰爪虾属、仿对虾属、毛虾属、沼虾属、白虾属中任选两种绘图。
2. 从原螯虾属、龙虾属、寄居蟹属、绒螯蟹属、青蟹属、梭子蟹属中任选两种绘图。

实验 20 水生昆虫常见属种的形态特征

【实验目的】

观察水生昆虫常见种类的形态构造,了解其分类地位。

【实验材料】

蜉蝣属、弯尾春蜓属、龙虱属、摇蚊属、蝎蝽属、负子蝽属、仰蝽属、纹石蛾属等标本。

【实验用具】

尖头镊子、解剖镜、显微镜、解剖针、载玻片、盖玻片、擦镜纸、白瓷盘、培养皿。

【实验步骤】

用镊子将昆虫标本取出,置于培养皿中,在解剖镜下观察其形态。口器部分可进行解剖,做成装片观察。

【实验内容】

1. 蜉蝣属 *Ephemera*

取稚虫标本,观察其口器,胸足,腹部的分节状况,尾须及中尾丝和气管鳃的位置和形状。见图 20-1。

2. 弯尾春蜓属 *Melligomphus*

观察稚虫头部的复眼,触角和口器,特别是观察其特化的、能伸缩折叠的下层(罩形下唇)结构、头与胸部愈合不能活动,腹部的节数和棘的分布。见图 20-2。

3. 龙虱属 *Dylisus*

取幼虫和成虫的标本,观察其头部的复眼,触角的形状、节数和口器(大颚的形状),胸部前翅、后翅的性质,及

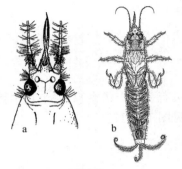

图 20-1 徐氏蜉 *E. hsui*
(引自周长发,2002)
a. 头部;b. 整体

前、中、后足的形状,成虫的后足(游泳足)。腹部的节数和形状。见图 20-3。

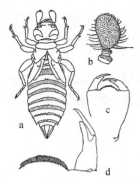

图 20-2 双峰弯尾春蜓 *M. ardens*
(引自赵修复,1991)

a. 稚虫背面观;b. 触角;c. 下唇;
d. 下唇的一部分(腹面观,放大图)

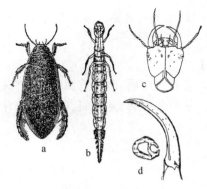

图 20-3 龙虱 *Cybister*(引自赵文,2005)

a. 龙虱成虫;b. 龙虱幼虫;
c. 龙虱幼虫头部腹面观;
d. 大颚及其横切

4. 摇蚊属 *Chironomus*

取幼虫标本,观察头部的触角和口器。胸部的分节及前原足,腹部的分节状况及各种鳃的对数,形态和位置及后原足。见图 20-4。

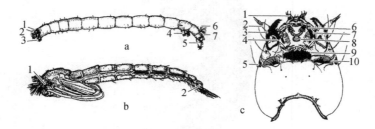

图 20-4　羽摇蚊 *C. plumosus*(引自郑乐怡等,1999)

a. 幼虫整体:1. 头部;2. 眼点;3. 前原足;4. 腹管;5. 后原足;6. 肛毛;7. 肛毛台
b. 蛹:1. 胸角;2. 肛叶

c. 幼虫头壳:1. 上唇感觉毛;2. 触角;3. 上颚;4. 下唇须;5. 眼点;6. 内唇棘;7. 前上颚;
8. U 形板;9. 额板;10. 腹颏板

5. 蝎蝽属 *Nepa*

体宽卵圆形,扁平。比较其与螳蝽有哪些不同。观察体末端的呼吸管。见图 20-5。

6. 负子蝽属 *Sphaerodema*

体扁,略呈椭圆形。观察其前足和后足的不同(前足为捕捉足,后足为游泳足),腹部末端的呼吸管长短。见图 20-6。

7. 仰蝽属 *Notonecta*

体侧扁,淡黄色,其头部陷入前胸,前胸发达,观察其前足和后足之差异和腹部腹侧的结构特点。见图 20-7。

图 20-5　蝎蝽属 *Nepa*
(引自赵文,2005)

图 20-6　负子蝽 *S. rustica*
(引自赵文,2005)

图 20-7　松藻虫 *Notonecta*
(引自赵文,2005)

8. 纹石蛾属 *Psychomyia*

取其幼虫标本,观察其头部、复眼、口器、胸足和腹部的分节状况,气管鳃及臂足的形状与位置,气管鳃的对数。见图 20-8。

鳃

毛簇

图 20-8　纹石蛾属 *Psychomyia*（引自郑乐怡等，1999）

【作业】

从实验材料中任选四种绘图。

第2章　水生生物调查方法

实验 21　浮游植物的调查

【实验目的】

掌握浮游植物的采集、浓缩、定量的常用方法。

【实验用具】

采水器：一般浅水（水深<10 m）湖泊可用玻璃瓶采水器，深水湖泊或水库必须用颠倒采水器、北原式采水器或有机玻璃采水器。

生物网：内陆水域一般采用25#浮游生物网（网目直径 64 μm），海洋调查可采用浅海Ⅲ型网（网目直径 200 μm）。生物网均为圆锥形网，用尼龙筛绢缝制而成。

【实验内容】

1. 样点的选择

选择采样点的原则：采样点在平面上的分布要有代表性。水库和江河采样点分别在上游、中游和下游中部选设，一般在下游断面可多设点采样。湖泊采样应兼顾在近岸和中部设点，可根据湖泊形状分散选设，进水口和出水口也应设点。池塘采样一般在池塘四周离岸 1 m 处和池塘中央各选一个采样点。湖心、库心、江心必须采样，有条件时采样点可适当多设一些，如大的湖湾、库湾、河流的上游、中游、下游水体的沿岸带、浅水区也要设点采集。海洋调查样点也是随调查目的来确定。

2. 采样量的要求

一般每一个采样点采水 1 L，倒入水样瓶中，用 10～15 mL 鲁哥氏液固定（即按水样体积的 1‰～1.5‰加入固定液）。若是一般性调查，可将各层采的水等量混合，取 1 L 混合水样固定；或者分层采水，分别计数后取平均值。

3. 定性调查

浮游植物的定性调查使用的工具为浮游生物网。普遍应用的浮游生物网为圆锥形，口径约为 20 cm，网长 60～90 cm，制作时可用直径约 4 mm 的铜条作网圈支持网口，使网成圆形。网衣部分用筛绢缝制。网头用金属套结在网底。

使用时将浮游生物网用绳子拴在竹竿上，然后关闭钢头的开孔，将网放入水中的 15 cm 深度作"∞"字形循回拖动，3～5 分钟后将网徐徐提起，待水滤去，所有浮游生物都集中在网头内时即可将盛标本的小瓶在网头下接好，打开开孔，让标本流入瓶中，然后加入福尔马林使成 4%的浓度固定保存，记录瓶号、采集地点、采集时间等。用光学显微镜对采得的样品进行鉴定，尽量鉴定到种。

4. 定量调查

浮游植物定量调查时，一般用采水器采水样 1 000 mL；某些情况下需要采集表层、底层的混合水样,则分别在距离表层、底层 0.5 m 处各采 500 mL,加以混合。

5. 沉淀浓缩

将采集的水样摇匀后倒入 1 000 mL 圆锥形沉淀器(图 21-1)中沉淀 48 h,沉淀器可用 1 000 mL 的瓶子代替。用虹吸管(最好用直径为 2 mm 的医用导尿管或输液管)小心抽出上面不含藻类的上清液;剩下的 30～50 mL 沉淀物摇动后转入 50 mL 的定量瓶中,再用之前虹吸出来的上清液少许冲洗沉淀器 3 次,冲洗液转入定量瓶中。凡以碘液固定的水样,瓶塞要拧紧。还要加入 2%～4%体积分数的甲醛固定液,即每 100 mL 需另加 2～4 mL 福尔马林,以便长期保存。浓缩时切不可搅动底部,如被搅动,应重新静置沉淀。为不使某些上层漂浮的微小生物进入虹吸管内,管口应始终低于水面,虹吸时流速、流量不可过大,吸至澄清液还剩 1/3 时,应控制流量,使其成滴缓慢流下。

图 21-1　浮游植物沉淀器

6. 样品的固定与保存

固定藻类最常用的固定剂是福尔马林溶液、鲁哥氏碘液。鲁哥氏碘液配置方法:称取 6 g 碘化钾(KI,分析纯)溶于 20 mL 蒸馏水中,待其完全溶解后加入 4 g 碘(I_2,分析纯),待碘完全溶解后,再加入 78 mL 蒸馏水和 2 mL 冰醋酸(CH_3COOH,分析纯),即为鲁哥氏碘液。配置好的碘液需装入棕色试剂瓶中保存。

如果标本只作一般的形态分类观察用,可在浮游生物网采得的标本中,加入福尔马林,使其含有 4%浓度即可,同时可作长期保存。若是直接取水样沉淀浓缩,则用鲁哥氏碘液加福尔马林最为适宜。1 L 水样中加鲁哥氏碘液 15 mL 左右,沉淀浓缩后再加福尔马林使其含 3%浓度即可。易破碎的标本可用 FAA(甲醛液、醋酸、酒精)固定。

7. 样品的浓缩定量

可用光学显微镜和计数框对采得样品进行计数。计数前需先核准浓缩沉淀后定量瓶中水样的实际体积。最好加入纯水其成整数,如 30mL、50mL、100mL 等。然后将水样充分摇匀,并立即用刻度吸管或移液枪准确吸取 0.1 mL,注入 0.1 mL 计数框内,小心盖上盖玻片。在盖盖玻片时,要求计数框里没有气泡,样品不溢出计数框。然后在 10×40 或 16×40 倍显微镜下计数。即在 400～600 倍显微镜下计数。每瓶标本计数两片玻片取其平均值,每片观察 50～100 个视野,但视野数可按浮游植物的多少酌情增减。优势种类尽可能鉴别到种或属,注意不要把浮游植物当成杂质而漏计。

【作业】

1. 写出浮游植物定量的操作步骤。

2. 计算每升水体中浮游植物的密度。

【思考题】

1. 野外采样中,哪些因素会影响采样质量?该如何避免?

2. 浮游植物的固定和定量过程中应注意哪些问题?

实验 22　　着生藻类的调查

【实验目的】

掌握着生藻类的采集、定量常用方法及硅藻色素体的氧化和封片制作方法。

【实验用具】

设备、用品详见不同采集方法部分。

【实验内容】

1. 采集方法

（1）天然基质法

实验器具：不锈钢茶匙、牙刷或类似的刷子及刮擦工具、一端安装氯丁橡胶圈的 PVC 管、野外记录本、表、钢笔及铅笔、白色塑料盘或搪瓷盘、皮式培养皿及压舌板（用于采集软底质）、镊子、吸耳球及移液管、双蒸水洗瓶、样品洗瓶（125 mL 广口瓶）、样本容器标签、防腐剂（鲁哥氏碘液、4％马尔福林、"M3"固定液或 2％戊二酮）、急救包、冷冻箱。

1）复合生境采样方法与步骤（引自郑丙辉等，2011）

① 确定每种大型底栖动物评价方案中的复合生境采样河段。多数情况下，采集着生藻类所需河段大小与大型底栖动物或鱼类相同（30～40 倍河宽），因此，可以在完全相同的生境中采集藻类。② 采样之前，填写物理/化学野外记录表以及着生藻类野外数据表。视觉估测或定量的断面评价，可以用来确定每种底质类型的覆盖百分比，估测大型植物、大型丝状藻类、硅藻属和其他微型藻聚集物（着生藻类）以及其他生物的相对丰度。③ 从所有可以到达的底质和生境采集藻类。目标是采集一个能够代表该河段内现存着生藻类类群的混合样品。按照河段内平面覆盖度的比例，粗略采集所有底质（表 22 - 1）和生境（浅滩、急流、浅潭、近岸区域的样品）。某一河段内，光线、深度、底质及流速均可影响着生藻类的物种组成。不同生境之间的藻类组成，明显随着着生藻类的颜色和结构的变化而变化。按照河段内的相对丰度，手动选择大型藻类样本。将所有样品混合装入常用容器。

表 22 - 1　浅河着生藻类采集技术总结（引自郑丙辉等，2011）

底 质 类 型	采 集 技 术
可移动底质（硬质）：沙砾、卵石、圆石及树木残骸	从水中移出代表性底质；从表层刷下或刮下代表性区域的藻类，冲洗入采样瓶
可移动底质（软质）：苔藓、大型藻类、维管束植物、根块	取植物的一部分，带水放入采样瓶。用力摇动，使附着藻类从附着基质上脱落，然后用镊子将苔藓、块根等植物体移出采样瓶
大型底质（不可移动）：大块岩石、河床岩石、原木、树木、树根	将一端带有氯丁橡胶圈的 PVC 管置于底质上，用橡胶圈将底质密封起来。用牙刷、指刷或刮刀将管中的藻类刮下。用移液管将藻类从管中移出
松散沉积物：沙、淤泥、微小颗粒有机物、黏土	将皮氏培养皿颠倒覆于沉积物上。在培养皿下插入刮刀，刮取培养皿中的沉积物。从溪流中移出沉积物，洗入采样瓶中。从沉积性生境采集藻类样品，可使用汤匙、镊子或移液器

④ 将所有样品置于一个不透水、不易碎的广口容器中。一份约 125 mL 的合并样品即可满足分析要求(Bshls, 1993)。加入建议量的鲁哥氏碘液、"M3"固定液、4%缓冲福尔马林、2%戊二醛或其他防腐剂(APHA, 1995)。⑤ 将一张永久性标签贴于样品瓶外侧,附以下信息:水体名称、位置、位点编号、日期、采集人姓名以及防腐剂类型。在野外记录本或着生藻类野外数据表中记录下该信息以及相关的生态信息。将另一张附有相同信息的标签置于样品瓶内侧(注意:鲁哥氏碘液和其他碘防腐剂会使纸质标签变黑)。⑥ 采样后,检查所用标签和表格记录信息的准确性和完整性。⑦ 检查所有刷子和刮擦工具上的残余物。将其擦净,收起前或下次采样前在蒸馏水中冲洗。⑧ 把样品放入加冰的保温箱中(使其保持冷藏、黑暗环境)带回实验室,保存于黑暗处,直至处理。确认样品正确装载,以便运输和移动时不致使样品泄漏。保存期间,每隔几周需检查防腐剂,必要时进行添加,直至完成种类鉴定。⑨ 记录此次采集的所有样品。至少记录下样品的识别编码、日期、溪流名称、采集位置、采集人姓名、采样方法以及采样区域(如果可以确定)。

2) 单一生境采样方法与步骤(引自郑丙辉等,2011)

如果从采样河段中选择典型的单一底质/生境组合采集着生藻类,溪流之间的生境差异可能会使群落的变化性降低(引自 Rosen, 1995)。为使结果具有可比性,应当在所有的参照和受试溪流,选取相同的底质、生境组合进行采样。如果要评价着生藻类的生物量,应当采用单一生境采样法。

① 界定采样河段。单一生境采样法的采样面积可以小于复合生境采样法所用的面积。以往的项目中,仅在一处浅滩或水潭进行采样,即可得到有价值的结果。② 采样之前,填写物理/化学参数野外数据表以及着生藻类野外数据表。进行复合生境采样时,还需要完成生境评价,以便将采样生境的相对重要性特征化。③ 建议的底质/生境组合为 10~50 cm/s 流速的急流形成的卵石和沙滩。从该类生境采集的样品,通常比在缓流生境采集的样品易于分析,因为此处淤泥较少。这些生境在许多溪流中都极为常见。低坡度溪流中,浅滩较为少见,可以采集残枝或沉积型生境中藻类。不建议将移动的沙粒作为目标底质进行采集,原因是沙粒的面积小,并且底层具有不稳定性的特点,使其物种组成有限。低坡度的大型溪流中,可以考虑将浮游植物作为着生藻类的替代选项。④ 从相同的底质/生境组合采集几个重复样,将其合并放入同一个容器。每个河段或溪流,应当采集 3 个或 3 个以上重复样品。⑤ 如欲测量单位面积的生物量(如叶绿素),应当始终确定采样面积。⑥ 如欲分析样品的叶绿素 a,则重复采样前,不对样品作防腐处理。⑦ 样品的贮存、运输、处理及记录方法与复合生境采样法相同。

(2) 人工基质法

该方法既能够减少野外采样时间,也可以增进信息的生态学适用性。另外,也可以将人工基质放入水生生境,经过一段时间,待着生藻类在人工基质上定植后,再进行采集。该方法尤其适用于不可涉水的较深溪流、无浅滩区的溪流、湿地或静水生境的湖滨带。天然基质和人工基质均可用于水体环境的监测和评价,各有优缺点(引自 Stevenson and Lowe, 1986; Aloi, 1990)。这里总结的方法结合了肯塔基州(引自 KDEP, 1993)、佛罗里达州(引自 FLDEP, 1996)以及俄克拉荷马州(引自 OCC, 1993)指定的方法。

尽管人工基质优先选用显微镜玻片，但是其他各类人工基质也已经被成功地使用。

　　人工基质放置步骤如下：① 将显微镜玻片置于硅藻计（引自 Patrick et al.，1954）前，应当彻底清洗，以丙酮冲洗玻片，用 Kimwipes 清洗。② 将装有玻片、玻棒、陶瓷片、树脂盘或类似基质的水表（漂浮性）或水底（沉底性）硅藻计放入研究区域，放置 2 到 4 周，使着生藻类在基质上停留、定植。③ 每个位点至少重复放置 3 个硅藻计，以便说明空间变化性。硅藻计总数应取决于研究设计以及检验的假说。样本可以合并，也可以单独分析。④ 将硅藻计缚在钉入溪流底部的钢筋或者其他稳固的结构上。为了将人为干扰或破坏降到最低，应该将硅藻计隐藏于视野之外。避开走航、观光溪流的主干道。每个硅藻计的防护罩都朝向上游的方向。⑤ 如果孵育期间发生洪水或类似的冲刷事件，待水体平稳后，需重新在硅藻计上安装干净玻片。⑥ 孵育期（2～4 周）后，采集基质。用橡胶抹刀、牙刷或剃须刀将藻取下。当基质的手感从光滑、发黏（即使没有明显的藻类存在）变成粗糙或不发黏时，才能判断藻体已经完全取下。⑦ 样品的贮存、运输、处理及记录见天然基质法的步骤④～⑨。⑧ 使用人工基质的优点之一，是可以购买盛装基质的容器（如 Whirl-pack 袋或样品瓶），因此，无须在野外刮擦基质。可以为显微镜分析和叶绿素检测分别设定不同的基质。然后，将藻和基质放入样品容器，进行保存，之后再进行处理和镜检，或者放入加冰的保温箱，之后再进行叶绿素分析。应当优先选择在实验室进行样品处理；这样，如果运输和保存时间少于 12 h，带回实验室之前，就不必将样品分开了。

　　2. "软"（非硅藻）藻的相对丰度及物种丰富度（引自郑丙辉等，2011）

　　第一步：用组织匀浆器或搅拌器将藻类样品搅匀。第二步：将搅匀样品彻底混匀，吸入帕尔默计数池。藻类悬浮液的密度为一个视野内 10～20 个细胞时，适于计数和鉴定细胞。过低的密度，会使计数速度减慢；如果细胞重叠太多，无法进行计数，可将样品稀释。第三步：在"软"藻数据页上方部分填写来自样品标签及其他来源的信息，以便能唯一标识样品。第四步：使用参考文献，在 400 倍的放大倍率下，将 300 个藻类"细胞单位"鉴定至最低可鉴定的分类水平并计数。此时要注意：① 区分多核藻类（如无隔藻属）的细胞和蓝绿藻的细丝是细胞计数的一个问题。这些藻类的"细胞单位"可以定义为叶状体或丝状体的 10 mm 截面。② 对于硅藻，仅需对活的硅藻进行计数，如果之后还要对清理干净的硅藻进行计数，则无需鉴定至更低的分类水平。③ 在数据表中记录下每个类别的细胞或细胞单位数量。④ 做分类笔记，并在数据表中画出重要标本的草图。可选做的步骤：为了更好地监测非硅藻类群丰富度，可继续计数直至在 100 个细胞单位中仍未观察到任何新的类别，或再观察 3min 左右。

　　3. 硅藻的相对丰度和物种丰富度测定步骤

　　第一步：大力摇动样品（或使用磁力搅拌器），重复取至少 5～10 mL 浓缩保存的样品。氧化（清理）样品，进行硅藻分析（APHA，995）。第二步：将硅藻封入 Naphrax 或其他高折射率介质，制成永久性玻片。玻片标签的信息与样品容器标签相同。第三步：在硅藻数据页上方部分填写样品标签及其他来源的信息，以便能唯一标识样品。第四步：使用参考文献，在 1 000 倍的油镜下，将硅藻鉴定至可鉴定的分类水平，尽可能鉴定到种，一并计数。至少计数 600 个硅藻阈（300 细胞），直至观察到至少 10 个种类，每个种类至少计数 10 个硅藻阈。仔细区分出两边外壳均完好的硅藻阈，并进行计数。当 1 个或 2 个种类具有较高优势时，"10 个种类，10 个硅藻阈"的规则可确保相对精确地评估优势种的相对丰度，选择计数 600 个硅藻阈的目的，是为了与其他国家级生物评价项目所用的方法保持一致（引自 Porter et al，1993）。在数据表中记录下每个种类观察到的硅藻阈的数目。做分类笔记，在数据表中画出重要标本的草图，并记录重要物种的状态。第五步（可选做的步骤）为了更好地检验硅藻类群的总体丰富度，继续计数直至 100 个细胞单位仍未观察到任何新的类别，或再观察 3min 左右。

4. 计算物种的相对丰度及物种丰富度

（1）每个种类的细胞（细胞单位）数量除以计数细胞总数（如 300）即可得"软"藻的相对丰度。

（2）硅藻的相对丰度必须用所有计数细胞中观察到活硅藻数量进行校正。因此，将每个种类的硅藻阈数量除以计数硅藻阈总数（如 600）即可得到硅藻的相对丰度；然后，用所有藻类总数中或硅藻的相对丰度乘以硅藻总数中每种硅藻的相对丰度。

（3）"软"藻和硅藻的物种数量相加，可估计总的物种丰富度。

5. 硅藻的氧化方法（引自郑丙辉等，2011）

（1）浓酸氧化的步骤

1）从保存的藻类样品中取 5～10 mL 分样，放于烧杯中。

2）在通风橱中，向烧杯中加入足量的浓硝酸或浓硫酸，产生强烈的放热反应。通常等量的分样和酸即可产生这种反应。（注意：一些固定液及硬水中采集的样品，加入浓酸就会产生强烈的放热反应。使用通风橱、安全玻璃及防护服。将样品烧杯分开 10 cm 左右，防止样品溢出时交叉污染。）

3）使样品氧化过夜。

4）向烧杯中加入蒸馏水。

5）每向烧杯加入 1 cm 的水，等待 1 h。

6）离心，吸走上清液，再用蒸馏水加满。从水柱中央吸，避免吸走较轻的藻，这些藻可能会吸附于侧壁和水表。

7）重复步骤 4）～6），直至去除所有的颜色，样品变清澈或者 pH 趋于中性。

（2）过氧化氢/重铬酸钾氧化的步骤

1）按照上述浓酸氧化的步骤 1），准备样品，但是用 50% H_2O_2 取代浓酸。

2）使样品氧化过夜，然后加入微量重铬酸钾。（注意：这会产生强烈的放热反应。使用通风橱、安全玻璃及防护服。将样品烧杯分开 10 cm 左右，防止样品溢出时交叉污染。）

3）样品颜色从紫色变黄，停止沸腾时，向烧杯中注满蒸馏水。

4）等待 4 h，吸走上清液，再用蒸馏水加满。从水柱中央吸，避免吸走较轻的藻，这些藻可能会吸附于侧壁和水表。

【作业】

1. 写出采集着生藻类时的注意事项。

2. 计算单位面积着生藻类细胞密度和叶绿素含量。

3. 写出着生藻类酸氧化的步骤。

【思考题】

1. 不同基质是否会对着生藻类群落结构产生影响？

2. 人工附着基应布置在什么位置？何种深度比较合适？

3. 着生藻类定量采集过程中应注意哪些事项？

实验 23　浮游动物的调查

【实验目的】

掌握浮游动物的采集、浓缩、定量的常用方法。

【实验用具】

普通有机玻璃采水器或其他类型采水器、13# 和 25# 浮游动物网、量筒、烧杯、显微镜、照相设备、盛装标本的器皿、载玻片和盖玻片、吸管、不锈钢镊子、金属解剖针、福尔马林溶液等。

【实验内容】

1. 采样点的选择

根据浮游动物的分布设站。如果研究目的仅限于了解水体中浮游动物的丰度以为合理放养提供依据,那么可根据水体的形态划分不同的区域,然后根据不同区域所占的份额,按比例取混合水样。如果研究目的是要了解水体中各区域浮游动物现存量的分布,以便对渔业生产进行合理布局,则需用其他方法。

2. 采样量的要求

浮游动物不但种类组成复杂,而且个体大小差异也极大。大的浮游动物,如透明薄皮蚤 *Leptodora kindti* 可达 10 mm 以上,肉眼可见;小的如原生动物,只有 $20 \sim 30$ μm,只能在足够倍数的显微镜下才能观察清楚。它们在水体中的数量也极不同。原生动物从几百个到几万个,一般为几千个;轮虫从几十个到上万个,一般为几百个;甲壳动物从几个到几百个,一般为几十个。因此要根据它们在水体中的不同密度采集不同的水量。目前,最常用的采水量为计数原生动物、轮虫以 1 L 为宜,枝角类、桡足类则以 $10 \sim 50$ L 较好。

3. 定性调查

将浮游生物网系在长竹竿的前端,检查网头是否关紧,然后手执竹竿的后端将网放至水下 0.5 m 处作"∞"形的循回拖动,约 5 分钟后,将网徐徐提起,待水滤去后,所有浮游生物集中在网头内时,将盛装标本的小瓶在网头下接好,转开活塞让浓缩的浮游生物标本流入瓶中。加入 1.5% 碘液或 4% 的福尔马林固定保存,也可用波恩氏液固定。

4. 定量调查

原生动物和轮虫的采集同浮游植物的采集方法。采集甲壳动物的水样先经过滤网过滤,然后冲洗过滤网,重复多次,将冲洗下来的水放入样品瓶中。

5. 样品的保存固定

原生动物和轮虫可用碘液或福尔马林固定,加量同浮游植物。枝角类和桡足类一般用 5% 福尔马林固定。另外,原生动物、轮虫的种类鉴定若需活体观察,为方便起见,可加适当的麻醉剂,如普鲁卡因、乌来糖(尿烷),也可用苏打水等。

6. 样品的定量

一般采用沉淀和滤缩的方法浓缩水样中的浮游动物。

沉淀法：操作方法与浮游植物定量样品的沉淀和浓缩方法相同。即在筒形分液漏斗中沉淀 48 小时后，吸取上层清液，把沉淀浓缩样品放入试剂瓶中，最后定量为 30 mL 或 50 mL。一般原生动物和轮虫的计数可与浮游植物的计数合用一个样品。

过滤法：甲壳动物个体一般较大，在水体中的密度也较低，通常用过滤法浓缩水样。在此，有两点值得注意：首先必须用 25# 浮游生物网作过滤网；其次，应当有过滤网和定性网之分。避免用捞定性样品的网当作过滤网。在不得已的情况下，一定要先采集定量样品，后采集定性标本。如果需再次过滤样品时，一定要反复洗尽后再使用。还需切记，用 25# 网过滤的水样，不能当作计数原生动物或轮虫的定量样品。

7. 记录

采样时应记录周边环境、植被生长情况、温度、流速、风力等。

计数：用于浮游动物计数的主要仪器是显微镜和计数框，计数原生动物用 0.1 mL 计数框，计数轮虫和甲壳动物用 1 mL 计数框。计数时，沉淀样品要充分摇匀，然后用定量吸管吸 0.1 mL 注入 0.1 mL 计数框中，在 10×20 的放大倍数下计数原生动物；吸取 1 mL 注入 1 mL 计数框内，在 10×10 的放大倍数下，计数轮虫。一般计数两片，取其平均值。甲壳动物的计数（甲壳动物指枝角类、桡足类）。按上述方法取 10～50 L 水样，用 25# 浮游生物网过滤，把过滤物放入标本瓶中，并洗三次，所得的过滤物亦放入上述瓶中。在计数时，根据样品中甲壳动物的多少分若干次全部过数。如果在样品中有过多的藻类，可加伊红（Eosin-Y）染色。

体重的测定方法：由于浮游动物大小差异极大，因此不分大小、类别，而只列出一个浮游动物总数有较大的片面性，不能客观地评价水体的供饵能力。为了正确地评价浮游动物在水生态结构、功能和生物生产力中的作用，生物量的测算显得尤为必要。目前，测定浮游动物生物量的方法主要有体积法、排水容积法、沉淀体积法和直接称重法。

1) 体积法：本方法就是把生物体当作一个近似几何图形，按求积公式获得生物体积，并假定比重为 1，这就得到体重。这种方法在原生动物、轮虫中广为应用。轮虫的体形有圆形、椭圆形、球形、矩形、锥形等。在活体情况下，在解剖镜下将所需测定的轮虫种类用毛细管吸出，放在载玻片上，加入适量的麻醉剂（如苏打水），使其呈麻醉状态；或将玻片上的水徐徐吸去，吸到轮虫仅能作微小范围运动为止，然后把载玻片放在显微镜下（不加盖玻片），用目测微尺测量其长和宽。轮虫的厚度亦可通过显微镜微调进行近似测量。

2) 排水容积法：本方法根据水不可压缩的原理，用类似 Tranten 氏（引自黄祥飞，1999）描述的装置来测定的。这种设置是一根改短的滴定管，直径 1.5 cm，长 20 cm。样品容器为一管状物，由黄铜框架和孔径为 112 μm 的网衣组成。先把该容器放入上述改短了的，已知液体体积的滴定管中以获得空容器的体积，然后把采得的浮游动物，放入该容器，尽量用力摔出黏附在样品空隙中的液体，测量其体积，如此重复 5 次，平均后则获得浮游动物的体积。

3) 沉淀体积法：本方法很简单，把用网具捞取的浮游动物样品放在有刻度的滴定管中，经一定时间沉淀后读出沉淀物的体积。排水容积法和沉淀体积法所获得的是浮游物的总体积。如果水体中大型浮游动物占优势，则有较大的正确性。应用本方法时采水量要大，采水量越大就越正确。

4）直接称重法：用几何图形法和容积法获得的只是近似值，有时误差较大。直接称重法就是把要测重的生物体，用微量天平直接称重，本方法虽然在技术上存在一定困难，但由于它的正确性较高，日益受到人们的重视，已成为普遍接受的测算方法。

8. 种类的鉴定

优势种类应鉴定到种，其他种类至少鉴定到属。种类鉴定用定性样品进行观察。

9. 数据处理

原生动物、轮虫密度计算公式：

$$N = \frac{V_s \times n}{V \times V_a}$$

式中，N 为 1 L 样品中原生动物/轮虫密度，单位为 ind·L^{-1}；V_s 为沉淀体积（50 mL）；n 为计数观察的个数；V 为采样体积（1 L）；V_a 为计数体积（0.1 mL/1 mL）。

枝角类、桡足类密度计算公式：

$$N = n/V$$

式中，N 为 1 L 样品中枝角类/桡足类密度，单位为 ind·L^{-1}；n 为计数观察的个数；V 为采样体积（20 L）。

Shannon-Weaner 多样性指数（H）：

$$H = -\sum_{i=1}^{n} \frac{n_i}{N} \cdot \log_2 \frac{n_i}{N}$$

Margalef 多样性指数（D）：

$$D = \frac{S-1}{\ln N}$$

Simpson 指数（S）：

$$S = 1 - \sum_{i=1}^{n} P_i \times P$$

优势度（Y）：

$$Y = \frac{N_i}{N} f_i$$

相似性系数 S：

$$S = \frac{2c}{a+b}$$

Pielou 物种均匀度指数（J）：

$$J = \frac{H}{\log_2 S}$$

式中，N_i 表示第 i 种生物的密度，N 为生物的总密度，S 为群落总种类数，f_i 为该种在各站点出现的频率，a 为两个比较站点第 1 站出现的种类数，b 为两个比较站点第 2 站出现的种类数，c 为两比较站点共同出现的种类数。

10. 注意事项

每瓶样品计数两玻片取其平均值，每片结果与平均数之差不大于 ±15%，否则必须计数第三片，直至三片平均数与相近两数之差不超过均数的 ±15% 为止，这两个相近值的平均数即可视为计算结果。浮游动物计数单位用"个"表示，即 ind/L。

某些个体一部分在视野内，另一部分在视野外，这时可规定只计数上半部分或只计数下半部分。

【作业】

1. 挑选 5～10 种浮游动物标本，进行体长测量和称重，求出体长与体重回归公式。

2. 选取一个采样点，进行采样练习，计算单位体积浮游动物密度和生物量。

【思考题】

1. 在浮游动物采集时，若只想采集特定大小或特定生活习性的种类，可通过哪些方法来辅助采集？

2. 浮游动物是主动摄食，还是被动摄食？

3. 通过哪些方法可以防止采集到的浮游动物标本发生皱缩变形现象？

实验 24　底栖动物的调查

【实验目的】

掌握底栖动物的采集、定量的常用方法。

【实验用具】

底栖动物的采集工具种类很多,目前国内在采集方法和采集用具上,还没有统一规范,但基本的方法和用具是相似的。

主要有以下用具:水体地形图、深水温度计、彼得生采泥器、一般温度计、扭力天平、三角拖网、托盘天平、面盆、解剖镜、显微镜、水桶、标签、培养皿、铅笔、指管瓶(30~50 mL)、记录本、试剂瓶(1 000 mL)、毛巾、广口瓶(250 mL)、纱布、量筒、胶布、抄网、解剖针、分样筛(40 目)、放大镜、酸度计、塑料带、甲醛、解剖盘、酒精、小镊子、吸管、绳索、毛笔、滤纸、盒式采泥器、蚌斗式采泥器、带网夹泥器。

【实验内容】

开展生物群落结构的研究要以可靠的采样工作为基础。由于底栖动物栖境的复杂性,野外采样常用定量采集和定性采集相结合的方法,以保证样本的代表性。常见且具有代表性的底栖动物采集方法主要包括如下几种。

1. 踢网法(kick net)

踢网尺寸为 1 m×1 m,网孔为 0.5 mm,主要适用于底质为卵石或砾石且水深小于 1 m 的流水区,采样时,网口与水流方向相对,用脚或手扰动网前 1 m 的河床底质,利用水流的流速将底栖动物驱入网,一次可采集 1 m^2 左右的面积。用踢网进行采样,移动性强的一些物种会向侧方游动而不被采获,因此,该方法为半定量采样方法。

2. 索伯网法(surber net)

水平方向的网口一般为 0.3 m×0.3 m,一次可采集 0.09 m^2 的面积,网的垂直部分可用于收集采集到的底栖动物。索伯网多适用于采样点底质为卵石或砾石,且水深不超过 0.3~0.5 m 的流水区。

3. "D"形拖网法(D-frame dip net)

"D"形拖网尺寸为 0.3 m×0.3 m,网孔为 0.5 mm,网口形状为"D"形,网袋为锥形或口袋形,拖网与一根很长的杆子相连。采集时用脚或手扰动网前的底质,逆水流方向拖网,一般每个样本采集 5~10 分钟,每个地点采集 3~5 个样本。

4. 漂流网法(drift net)

相当一部分底栖动物会随水流向下游漂流,一方面是由于动物受到水流的扰动影响,另一方面是源于某些动物本身的生活习性,因此可用漂流网法采集水体中的底栖动物样本,其网口尺寸一般为 30 cm×40 cm,框架上方为塑料泡沫,有利于漂流网漂浮于水体中。采样时,将漂流网沿溪流横断面逆水方向布置,以捕捉水体中的底栖动物。

5. 定性采集方法

底栖动物通常会生活在静水水域、河流岸边、石块表面、植物根垫、枯枝落叶和水草丛等各种小型栖境中,因此在平原河流上还可以通过手抄网、白瓷盘、网孔为 0.42 mm 的网筛等工具在各种小栖境上扫网或通过目测采集的方式来定性采集底栖动物。一般来说,尽可能地选取水生植物密集的水域进行采集。

6. 挖取法(dredge method)

用于大型河流的底栖采集,但仅适用于软底质河床。

7. 抓取法(grabs method)

用于大型河流和湖泊等深水区的底栖动物采集,但仅适用于软底质河床,只能采集到非常少的底质,导致其在应用上受到限制。常见的采样工具包括彼德逊采泥器(Peterson grab)和艾克曼采样器(Ekman grab)等。

8. 管心法(core method)和空气泵吸法(airlift pumps)

这两种方法同抓取法类似,一般用于大型河流的底栖动物采集,且仅适用于软底质河床,由于只能采集到非常少的底质,导致其在应用上受到限制。

9. 人工底质法(artificial substrate method)

相对于抓取法、管心法和空气泵吸法来说,人工底质法是一种新的代替方法。国际标准人工底质采样器是由大量塑料碎片和一个尼龙袋连在一起,再黏附在砖块上。它的表面质地坚硬,有利于固着底栖动物在上面栖息生存。一般在采样开始的第一天,将人工底质采样器安置在采样地点,一个月后取回采样器,将人工底质进行清洗后得到底栖动物样本。但这种采样器也有不足之处,一般底栖动物需要 3~4 周的时间才能在人工底质中顺利繁殖,而在这期间,采样器很容易被急流冲走或破坏。该方法适用于水深超过 1.5 m 的大型河流。

【调查步骤】

1. 采样点的选择

采样点的代表性要强,因此应选择那些具水域特性的地区和地带,如水库、江河流域内的库湾部分、水库的近坝区、消落区、沉入水下的旧河床地段等。在选点之前,要根据水体的详细地形图,对其形态及环境进行了解,根据不同环境特点(如水深、底质、水生植物的组成等)设置断面和采样点。

调查中布置采样点的原则:选取生物环境宽阔,流速、水深、底质组成及生物环境均有代表性的 100 m 河段进行采样。浅水处(水深<0.6 m)采样采用踢网进行半定量采集,采集 3~5 个样方。深水处(水深>0.6 m)及湖泊采样采用 1/16 m² 彼德逊采泥器,并多处采集。对于底质的采集厚度,一般来说,河流采样采集 10~15 cm 厚的底质就能保证底栖动物样本的代表性;而对于疏松湖底而言,一般认为至少应穿透 20 cm 底质才有可能采到该处 90% 的生物。断面和采样点设置的多少,视具体情况而定。每一断面上每一采样点的位置都需标在地图上,采集时按图上编号顺序进行。

2. 样品的采集

采样时间视调查任务而定。鉴于底栖动物生长、繁殖的速度比浮游动物慢,所以,一般每季度采样一次,最少应在春季和夏末秋初各采样一次。如采样点为水库,需在水库最大蓄水期和最小蓄水期进行采样。

采样时,应事先记录必要的环境要素等数据,如当时的天气、气温、水温(表层、底层)、采样面积、透明度、水深,流速、河宽、溶解氧、水体气味、水体浊度,然后进行采样,再记录底质及水生植物情况。

采样时每个采样点上的大型和小型底栖动物各采 2 次样品。用带网夹泥器采得样品后,连网在水中剧烈洗涤摇荡,洗去污泥,网口要保持紧闭,然后提到船上打开,拣出全部螺、蚌、蚬,放入广口瓶中,并贴上标签(写明地点、编号、日期),然后带回室内处理。用蚌斗式采泥器采得的泥样,先倒入 40 目的铜丝分样筛中,然后将筛底放在水中轻轻摇荡,洗去样品中的污泥(若样品量大,可分几次洗涤),最后将筛中的样品倒入塑料袋中,并放入标签,将袋口缚紧带回实验室分检。在这一过程中,也可将采的泥样倒入脸盆中,到岸边筛选,以免采样时间过长。

定量样品采完后,分别在各采样点上采一定数量的泥样作定性标本用,还可在沿岸带和亚沿岸带的不同生境中,用抄网捞取一些定性样品。来不及分检的样品,应放入冰箱内保存,以免标本腐烂不利于分析。

3. 样品的处理和保存

将上述采得的样品当场或带回室内进行分检。将塑料袋内的样品倒入分样筛内,在自来水中冲洗(或在岸边水中筛洗),直至污泥完全洗净,然后将样品倒入白色解剖盘内,加入清水,检出水蚯蚓和昆虫幼体,放入之广口瓶中固定保存,直至检完为止。可利用水蚯蚓对温度的敏感性,在装有样品的解剖盘上,放一纱布,覆盖样品,然后倒入 40℃ 左右的热水,水蚯蚓即钻到纱布上面来。

标本需用小镊子、解剖针或吸管检选,柔软的、较小的动物也可用毛笔分检,要避免损伤标本。

每一塑料袋的样品检完后,需将袋内的标签放进指管瓶内,并在每瓶外面贴上一个同样的标签。

检选出的底栖动物应分别固定分装在样本瓶中。水蚯蚓应先麻醉,使其舒展后再固定,一般把水蚯蚓放在培养皿中,加少量水,然后每隔 10 min 滴加 95% 酒精,直至虫体全部伸直。然后用 4%~10% 甲醛液固定,或固定 1~2 日后,移入 70% 酒精中封存。软体动物的螺蚌可保存于 70%~80% 的酒精中,4~5 天再换一次酒精即可。也可用甲醛液固定,但务必加入少量苏打或硼砂以中和甲醛的酸性,否则软体动物的钙质壳会被甲醛腐蚀。

昆虫及甲壳动物,可放入样本瓶中用 75% 酒精固定。昆虫成虫亦可制成干标本保存。

4. 底栖动物的鉴定

底栖动物包含了几个庞大的无脊椎类群,因而鉴定难度比较大。在底栖动物鉴定过程中,应依据实验设计与需求进行鉴定,同一批样品应保持一致的鉴定标准。通常而言,鉴定的分类单元越小,数据的可使用性越高,但鉴定的准确性会有所下降。绝大多数的物种应鉴定到属或种。摇蚊幼虫应尽量鉴定到属或亚科,其他类群可依据现有的分类文献与分类者的具体能力而定。

鉴定时,应注明标本鉴定人。鉴定后应在记录本上进行明确的记录,包括每一个物种的个体数。标本鉴定完毕后,应及时放回标本瓶中。每一鉴定的物种应当重新放入小标本瓶中,并在小标本瓶上明确标记采样点信息、标本鉴定详细信息、鉴定人与鉴定时间。

5. 定性定量

鉴定后的标本还需分别计数和称重,底栖动物的生物量测定一般采用称重法和排水体积法。称重法较常用,称重前,先把样品放在吸水纸上,轻轻翻滚,以吸去体表附着的水分,然后对其称重。大型种类吸至吸水纸上没有潮斑为止,小型种类在滤纸上约放一分钟即可。大型双壳类称重前,应细心将贝壳分开,倒出其内水分。软体动物可用托盘天平或盘秤称,蚯蚓和昆虫用扭力天平称,最后将重量都换算成克。一般情况下干重比湿重更能说明问题,所以,有条件的话,尽量测其干重。计数和称重的数值需随时计入记录本中。注意勿将样品混淆,称重后把样品放回原来的标本瓶中妥善保存。

最后,把所得的数据换算成一平方米面积上的个数(密度)和重量(生物量,g/m^2)。可按表 24-1 记录采集、计数、称量、换算结果。这样,该采样点的底栖动物种类组成、密度及生物量就一目了然了。

【作业】

1. 设计一张底栖动物野外采样记录表。

2. 选取一个采样点,进行采样练习,计算单位面积底栖动物的生物量。

【思考题】

1. 在流速较快的水体中采集底栖动物时应注意哪些事项?

2. 采集溪流底栖动物与采集湖泊底栖动物时应注意哪些区别?

表 24-1 底栖动物采集记录表

河、湖、水库　　　　　　　　　　　　　　　　采集日期:　　年　　月　　日

断面		站		位置		标本编号		
气温		水温:表层		底层		透明度		水　流
水深		泥 pH				底层溶解氧		
地质类别:淤泥、泥沙、黏土、粗沙、砾石、岩石、其他:								
水草繁茂概况:－、＋、＋＋、＋＋＋								
周围环境								
采集工具:		采样面积:		该点采集次数:				
所采集底栖动物名录		实采个数	湿重/mg	个/m^2		g/m^2		
备注								

实验 25 浮游植物初级生产力的测定

【实验目的】

了解初级生产力测定的基本原理并掌握水体浮游植物初级生产力的测定方法。

【实验用具】

详见不同的测定方法。

【实验内容】

1. 氧气测定法

氧气测定法即黑白瓶法，多用于水生生态系统。

(1) 氧气测定法原理

水体初级生产力是评价水体富营养化水平的重要指标。水体初级生产力测定——"黑白瓶"测氧法是根据水中藻类和其他具有光合作用的水生生物利用光能合成有机物，同时释放氧的生物化学原理，测定初级生产力。该方法所反映的指标是每平方米垂直水柱的日生产力[g(O_2)/m^2·d]。

(2) 实验器具

玻璃瓶：300 mL 具塞、磨口、完全透明的细口玻璃瓶或 BOD 瓶。玻璃瓶用酸洗液浸泡 6 h 后，用蒸馏水清洗干净。黑瓶可用黑布或用黑漆涂在瓶外进行遮光，使之完全不透明。

采水器：可采用有机玻璃采水器。

照度计或透明度盘、水温计。

吊绳和支架：固定和悬挂黑瓶、白瓶。形式以不遮掩浮瓶为宜。

测定溶解氧的全套器具和试剂（按国家标准《溶解氧测定 GB7489—87》执行）。

(3) 实验环境

可在任何季节进行。为避免因风浪、气候对测试结果的影响和实验器材损坏，宜选择在晴天、弱风条件下进行。

(4) 实验步骤

1) 采水与挂瓶

采水与挂瓶深度确定：采集水样之前先用照度计或透明度盘测定水体透光深度，采水与挂瓶深度确定在表面照度 100%～1% 之间，可按照表面照度的 100%、50%、25%、10%、1% 选择采水与挂瓶的深度和分层。浅水湖泊（水深≤3 m）可按 0.0 m、0.5 m、1 m、2 m、3 m 的深度分层。

采水：根据确定的采水分层和深度，采集不同深度的水样。每次采水应同时用虹吸管（或采水器下部出水管）注满三个实验瓶，即一个白瓶、一个黑瓶、一个初始瓶。每个实验瓶注满后先溢出三倍体积的水，以保证所有实验瓶中的溶解氧与采样器中的溶解氧完全一致。灌瓶完毕，将瓶盖盖好，立即对其中一个实验瓶（初始瓶）进行氧的固定，测定其溶解氧,该瓶中的溶解氧为"初始溶解氧"。

挂瓶与曝光:将灌满水的白瓶和黑瓶悬挂在原采水处,曝光培养 24 h。挂瓶深度和分层应与采水深度和分层完全相同。各水层所挂的黑瓶、白瓶以及测定初始溶解氧的实验瓶应统一编号,做好记录。

2) 溶解氧的固定与分析

曝光结束后,取出黑瓶、白瓶,立即加入 $MnSO_4$ 和碱性碘化钾进行固定,充分摇匀后,测定溶解氧(按照国标《溶解氧测定碘量法 GB7489—87》进行测定)。

(5) 计算方法

1) 各水层日生产力[$mg(O_2)/m^2 \cdot d$]计算方法

$$总生产力 = 白瓶溶解氧 - 黑瓶溶解氧$$
$$净生产力 = 白瓶溶解氧 - 初始瓶溶解氧$$
$$呼吸作用量 = 初始瓶溶解氧 - 黑瓶溶解氧$$

2) 每平方米水柱日生产力[$g(O_2)/m^2 \cdot d$]计算方法

水柱日生产力指一平方米垂直水柱的日生产力。可用算术平均均值累计法计算。

例如:某水体某日的 $0.0\,m$、$0.5\,m$、$1.0\,m$、$2.0\,m$、$3.0\,m$、$4.0\,m$ 处的总生产力分别是 2、4、2、1.0、0.5、0.0 $mg(O_2)/L$,则某水柱总生产力的计算见表 25 - 1。

表 25 - 1 水柱总生产力计算例表(引自黄祥飞,1999)

水层(M)	一平米水层下水层体积/L	每升平均日产量/(mg/L)	每平方米水面下水层日产力/(g/m² · d)
0.0～0.5	500	(2+4)÷2=3	3×500=1 500 mg/L=1.5 g/m²
0.5～1.0	500	(4+2)÷2=3	3×500=1 500 mg/L=1.5 g/m²
1.0～2.0	1 000	(2+1)÷2=1.5	1.5×1 000=1 500 mg/L=1.5 g/m²
2.0～3.0	1 000	(1+0.5)÷2=0.75	0.75×1 000=750 mg/L=0.75 g/m²
3.0～4.0	1 000	(0.5+0)÷2=0.25	0.25×1 000=250 mg/L=0.25 g/m²
0.0～4.0 (水柱产量)			$\sum$ = 5.5 $g(O_2)/m^2 \cdot d$

(6) 注意事项

① 测定宜在晴天进行,并在上午挂瓶。② 采水器使用时应先夹住出水口橡皮管,再将两个半圆形上盖打开,让采水器沉入水中,底部入水口则自动打开。下沉深度应在系绳上有所标记,当沉入所需深度时,即上提系绳,上盖和下入水口自动关闭,提出水面后,不要碰及下底,以免水样泄漏。将出水口橡皮管深入容器,松开铁夹,水样即可流入容器。③ 在有机质含量较高的湖泊、水库,可采用2~4 h 挂瓶一次,连续测定的方法,以免由于溶解氧过低而使净生产力出现负值。④ 在光合作用很强的情况下,会形成氧的过饱和,在瓶中产生大量的气泡,应将瓶略微倾斜,小心打开瓶塞加入固定剂,再盖上瓶盖充分摇匀,使氧气固定下来。为防止产生氧气泡,也可将培养时间缩短为2~4 h,这样需要利用太阳辐射分布图,将培养时间调整到能代表整个光照期的初级生产力的阶段。⑤ 应同时记录当天测定时间的水温、水深、透明度以及水草的分布情况。⑥ 尽可能同时测定水中

主要营养盐,特别是无机磷和无机氮。

（7）氧气测定法的弊端

① 不能测定藻类净产量;② 灵敏度低,对贫营养型水体不适用;③ 瓶内外条件不尽相同,瓶内藻类易死亡,有时细菌附着瓶壁加速养分的周转,这些都能影响测定的准确度;④ 有光和黑暗中呼吸强度不完全相同;⑤ 玻瓶容积大小和曝光时间长短都会影响结果,容器越大,产氧量越高,例如武汉东湖浮游植物毛产量在连续曝光 24 h 的测定结果显著低于每次曝光 2 h 的全天累计结果。

2. 曲线法

昼夜氧曲线法是黑白瓶方法的变型。每隔 2～3 小时测定一次水体的溶氧量和水温,做成昼夜氧曲线。由于白天水体中自养生物的光合作用,溶氧量逐渐上升,夜间又因好氧生物的呼吸而逐渐减少。这样,就能根据溶氧的昼夜变化,来分析水体中群落的代谢情况。因为水中溶氧量还随温度而变化,因此必须对实际观察的昼夜氧曲线进行校正。

3. CO_2 测定法

用塑料帐将群落的一部分罩住,测定进入和抽出空气中的 CO_2 含量。如黑白瓶法比较水中溶氧量那样,本方法也要用暗罩和透明罩,用夜间无光条件下的 CO_2 增重来估计呼吸量。测定空气中 CO_2 含量的仪器是红外气体分析仪,或用经典的 KOH 吸收法。

4. 放射性标记物测定法

把放射性 ^{14}C 以碳酸盐（$^{14}CO_3^{2-}$）的形式,放入含有自然水体浮游植物的样瓶中,沉入水中,经过短时间培养,滤出浮游植物,干燥后在计数器中测定放射活性,然后通过计算,确定光合作用固定的碳量。因为浮游植物在黑暗中也能吸收 ^{14}C,因此还要用"暗呼吸"作校正。

此法的采样、曝光等过程与黑白瓶法基本相似,但灵敏度高得多,可用于贫营养型水体和大洋中初级生产力的测定,也可采用模拟法在室内进行工作。

此法的缺点是设备和技术较难掌握,此外藻类分泌出的溶解有机质（胞外产物）会流入滤液中,可能产生巨大的误差。因此,必须同时测定滤液中的放射性。如不需要区分细胞和胞外产物的产量时,可将曝光后的水样不经过滤直接测定其放射性。

一般认为 ^{14}C 法所得数值为净产量或接近于净产量,但也有学者认为这仍属于毛产量,可能是介于两者之间的一种数值。

5. 叶绿素测定法

通过薄膜将自然水体进行过滤,然后用丙酮提取,将丙酮提出物在分光光度计中测量光吸收度,再通过计算,换算成每立方米含叶绿素多少克。叶绿素测定法最初应用于海洋和其他水体,比 ^{14}C 和氧测定方法简便,花的时间也较少。

实验 26　浮游动物次级生产力的测定

【实验目的】

了解浮游动物次级生产力的常用测定方法,理解浮游动物的次级生产力在水生生态系统结构和功能中的作用。

【实验用具】

详见不同的测定方法。

【实验内容】

1. 累计增长法(引自黄祥飞,1999)

(1)方法提要

本法就是把同一种浮游动物分成若干长度组,同时假定在同一长度组内所有的个体具有同样的增长速度,所以某一长度组的生产率与个体数成比例。此方法主要适用于甲壳动物。

(2)仪器与设备

显微镜、解剖镜、恒温培养系统、多种规格的玻璃器皿、浮游动物网、野外采集设备(如采水器、温度计等)。

(3)测定步骤

1)采样

采样方法与实验 23 浮游动物调查方法相同。

2)计数和测长

在显微镜或解剖镜下计数并在目测微尺下测其体长。把动物分成若干长度组,根据体长-体重回归方程,计算出不同体长组的体重。

3)不同发育阶段发育时间的测定

枝角类卵发育时间的测定:从采集到的样品中挑选几个较活泼的、发育正常的怀卵雌体,放在容量为 50 mL 的烧杯中,以原水体的过滤水作为培养液,把培养杯置于恒温水浴中,光照强度为 1 000 lx、食物浓度为每毫升 40 万个左右藻细胞。在解剖镜下观察并记录从卵巢发育成熟的卵母细胞通过输卵管排入孵育囊的时间。当培养温度在 20℃以上时,每 3 h 观察 1 次;15℃以下,一天观察 2 次,直到幼体从后腹部排出为止。一般观察 20个个体并取其平均值,即为卵的发育时间(准确地说,应为卵和胚胎的发育时间)。以不同培养温度作为横坐标,发育时间作为纵坐标作图,并用统计方法求其回归方程。这样,便可在一定的温度范围内获得任意温度下卵的发育时间。

桡足类卵发育时间的测定:将采集或培养所得的带卵囊的雌体单个放进容量为100 mL 的烧杯内,以原水体过滤的水作为培养液,把试管放于恒温水浴中,用 2 支 40 W日光灯提供光照,光照时间为 10~12 h。记录从卵排出到第一无节幼体期所经历的时间,其平均值即为卵的发育时间。卵的发育时间与温度呈负相关。常见桡足类卵的发育时间

与温度关系方程为

$$\ln D_e = 3.334 - 0.299(\ln T)^2$$

式中，D_e 为卵的发育时间，单位为 d；T 为温度，单位为℃；3.334 为回归方程之截距；0.299 为回归方程之斜率。

枝角类胚后发育时间的测定：从刚从卵孵化出来的幼体中挑选出 20 个左右放进容量为 50 mL 的小烧杯内，并添加处于生长期的藻类或池中浓缩的混合藻类（食物浓度和光照强度同上）。观察时间亦随温度的高低而异。

枝角类的生长是不连续的，它们体长的增长仅在蜕皮后的瞬间发生，必须仔细观察蜕皮的频率和次数。枝角类一般有 2～5 个幼龄，12～18 个成龄。幼龄期称为幼体，成龄期称为成体。幼体的发育时间为卵发育时间的 2～3 倍，而成体发育时间又为卵和幼体发育时间和的 4 倍左右。

桡足类胚后发育时间的测定：把从卵中孵化出来的第一无节幼体放入容量为100 mL 的烧杯中，用浮游生物网过滤的原水体的水作为培养液，把培养容器置于恒温水浴中（每烧杯放幼体 20～25 个）。同样保持一定的食物浓度和光照。记录从第一无节幼体期到第一桡足幼体期所经历的时间，其平均值即为无节幼体的发育时间。把上述刚发育到第一桡足幼体期（每烧杯放 10～15 个）继续进行培养。测量其最终的（达成体）的平均体长（从头胸部顶端到尾叉末端）。记录从第一桡足幼体期到雌性或雄性成熟所需的发育时间，其平均值即为桡足幼体（雌或雄体）的发育时间。在培养桡足幼体时，当进入第三桡足幼体期后，还加进酵母粉（0.3 g/L）。

把刚从第 5 桡足幼体期发育来的雌体分个进行培养，每个雌体配一雄体。记录第一对卵囊出现的间隔时间，卵囊的含卵数，每一雌体一生的产卵次数，以及从成体到死亡所经历的时间。从武汉东湖实验室培养结果来看，不同温度下桡足类各阶段的平均发育时间与水温呈显著的负相关。水温愈高，发育时间愈短。

$$\ln D_n = 3.879 - 0.24 (\ln T)^2$$

式中，D_n 为无节幼体平均发育时间，单位为 d；T 为培养温度，单位为℃；3.879 为回归方程之截距；0.24 为回归方程之斜率。

$$\ln D_c = 4.210 - 0.247(\ln T)^2$$

式中，D_c 为桡足幼体平均发育时间，单位为 d；T 为培养温度，单位为℃；4.210 为回归方程之截距；0.247 为回归方程之斜率。

4）结果计算

$$P_N = \frac{N_n \times (W_2 - W_1)}{D_n}$$

式中，P_N 为某一长度组在单位时间内的生产量，单位为 mg/L；W_2 为某一长度组中最大的个体重，单位为 mg；W_1 为某一长度组中最小的个体重，单位为 mg；N_n 为某一长度组的个体数，单位为 ind；D_n 为某一长度组从 W_1 到 W_2 所需要的发育时间，单位为 d。

上述公式可简化为

$$P_N = \frac{N_n \times \Delta W_n}{D_n}$$

式中，P_N 为某一长度组在单位时间内的生产量，单位为 mg/L；$\triangle W_n$ 为某一长度组体重增长，单位为 mg；N_n 为某一长度组的个体数，单位为 ind；D_n 为某一长度组的发育时间，单位为 d。

日产量（P_d）为

$$P_d = P_1 + P_2 + P_3 + \cdots$$

式中，P_1、P_2、P_3 为各个不同长度组的日生产量，单位为 mg·L^{-1}·d^{-1}。

在两次采样期间的总生产量（P_{int}）为

$$P_{int} = \frac{(P_{t_o} + P_{t_i})(t_i - t_o)}{2}$$

式中，P_{int} 为相继两个采样间的累计生产数量，单位为 mg·L^{-1}·d^{-1}；P_{t_o}，P_{t_i} 分别为相继两个采样日的生产量，单位为 mg·L^{-1}·d^{-1}；t_i，t_o 为相继两个采样间隔的时间，单位为 d。

在 T 时间内的总生产量为

$$P_T = \sum_{t_1}^{t_0} P_{int}$$

式中，P_T 为总生产量，单位为 mg·L^{-1}·t^{-1}；t_0 为开始采样时间，单位为 d；t_1 为结束采样时间，单位为 d。

5）允许误差

测定结果要给出平均数、标准差和样本数。

6）注意事项

累计增长法是一种普遍用来计算甲壳动物生产量的方法。从计算方式可以看出，本法不仅假定同一长度组内所有个体有同样的增长速度，而且在两个相继采样间隔内生产率呈线性变化，所以，缩短采样间隔是减少由于假定而引起误差的最有效的方法，这就是测定次级生产量必须进行频繁采样的原因所在。本法虽然比较成熟，但也在逐步改进，渐趋完善之中。

2. 线性法（引自黄祥飞，1999）

（1）方法提要

本法是依据浮游动物种群增长呈线性增长原理设计的，主要适用于那些体外携卵的轮虫。

（2）仪器与设备

显微镜、解剖镜、恒温培养系统、多种规格玻璃器皿、浮游动物网、野外采集设备（如采水器、温度计等）。

（3）测定步骤

卵发育时间的测定：在新鲜水样中，迅速选择 10～40 个怀卵的个体，分别培养于容量为 1 mL 左右的小培养皿中,用经孔径为 64 μm 浮游生物网过滤的原水体作为培养液,把这些容器置于恒温水浴或恒温培养箱里,一般不添加藻类,配备适当的光照(600~1 200 lx)。根据培养温度的高低,每隔 2~4 h,在解剖镜下观察并记录没有孵化卵的数目,并以此为横坐标,经历的累计时间为纵坐标,求其双变量回归方程之截距即为卵的发育时间。

对于那些把卵产在水生植物和碎片上的轮虫,则可把成体置于培养箱中,并添加一定的食物,然后观察其产卵的时间,并跟踪其卵的发育直至孵化,便可获知它的发育时间。

实验结果表明:凡是卵携带在体外的各种轮虫,在相同的培养温度下,卵的发育时间比较一致;而那些把卵产在水生植物或碎片上的种类,卵的发育时间比前者要短。

通过对不同培养温度下所获得的不同发育时间,并用统计方法获得回归方程,这样,便可在一定的温度范围内获得任意温度下卵的发育时间。

轮虫卵的发育时间与温度回归方程为

$$\ln D = 1.215\ 3 + 0.722\ 7\ln T - 0.399\ 6(\ln T)^2$$

式中,D 为卵的发育时间,单位为 d;T 为培养温度,单位为℃。

(4) 结果计算

$$P_{N} = N_{o}BN_{1}T$$

式中,P_{N} 为轮虫生产量,单位为 ind·L^{-1}·d^{-1};N_{o} 为种群密度,单位为 ind·L^{-1};B 为每雌体每日产卵数,单位为 eggs·ind^{-1}·d^{-1};N_{1} 为每天卵发育成轮虫数,单位为 ind·eggs^{-1}·d^{-1};T 为采样间隔,单位为 d。

$$B = \frac{E}{N_{o} \times D}$$

式中,B 为每雌体每日产卵数,单位为 eggs·ind^{-1}·d^{-1};E 为卵的密度,单位为 egg·L^{-1};D 为卵的发育时间,单位为 d;N_{o} 为种群密度,单位为 ind·L^{-1}。

生产量不仅包括存在生物量的增长;而且也应该包括在采样期间鱼油自然死亡、捕食等因素所消失个体,计算在采样期间轮虫损失的公式:

$$N_{e} = N_{o} + P_{N} - N_{t}$$

式中,N_{e} 为轮虫损失的数量,单位为 ind·L^{-1};N_{o} 为开始时种群密度,单位为 ind·L^{-1};P_{N} 为生产量,单位为 ind·L^{-1}·d^{-1};N_{t} 为 t 时种群密度,单位为 ind·L^{-1}。

如果获得了轮虫个体的平均重 W,则 $N_{e}·W$ 为损失的生物量。

(5) 允许误差

测定结果要给出平均数、标准差和样本数。

(6) 注意事项

本法亦是一种常用的测定轮虫生产量的方法,如果能较准确的测定卵的数量和发育时间,则可获得较好的结果。

3. 世代时间法

(1) 方法提要

本法是依据许多浮游动物的日增长与世代时间呈反比关系设计的,正确测定浮游动物世代时间是本法的关键。

（2）仪器设备

显微镜、解剖镜、恒温培养系统、多种规格玻璃器皿、浮游动物网、野外采集设备（如采水器、温度计等）。

（3）测定步骤

轮虫的世代时间就是从卵孵化开始，经历幼体、成体直到排出卵所需的时间。把刚从卵中孵化出来的幼体用吸管轻轻吸到容量为 2 mL 的胚胎皿中，加入在实验室中培养的、处于对数期的藻类，使培养液中藻的浓度保持在 $2 \times 10^4 \sim 2 \times 10^5$ cell·ml^{-1}；或加入从藻类丰富的鱼池中采的水样，经离心浓缩后获得的混合藻类。20℃以上，一般每 2 h 观察一次；20℃以下，每 3 h 观察一次。记录怀卵及孵化的时间。一般培养 20 个个体取其平均值。

轮虫的胚后发育时间亦随温度升高而缩短。实验结果表明：尽管轮虫种类不同，但卵的发育时间与胚后发育时间之比大约为 1∶2（表 26-1）。如果把卵的发育时间加胚后发育时间称之为世代时间，那么，前者约占世代时间的 30%，后者约占 70%。

表 26-1　若干种轮虫卵和胚后发育时间（引自黄祥飞，1999）

项目 种名	培养温度 (T)/℃	实验次数 (n)/次	卵的发育时间 (D_e)/d	胚后发育时间 (D_p)/d	世代时间 (D_{e+p})/d	$D_e/$ (D_e+D_p)
萼花臂尾轮虫	10	3	2.13	4.87	7.00±0.21	0.30
	15	3	1.10	2.19	3.29±0.13	0.33
	20	3	0.62	1.34	1.96±0.07	0.32
角突臂尾轮虫	25	9	0.44	1.05	1.49±0.19	0.30
镇簇多肢轮虫	20	11	0.84	1.95	2.79±0.08	0.30
	25	7	0.37	1.12	1.49±0.23	0.33
较大三肢轮虫	20	4	0.65	1.87	2.52±0.05	0.26
尖尾疣毛轮虫	20	2	0.43	1.29	1.72±0.05	0.25
	25	4	0.28	0.86	1.14±0.09	0.25
大肚须足轮虫	25	4	0.41	1.32	1.73±0.06	0.24
卜氏晶囊轮虫	20	5			1.73±0.08	
	25	11			1.07±0.02	
	30	7			0.64±0.03	
椎尾水轮虫	10	1			7.62±0.28	

（4）结果计算

$$P = (N \cdot W)/T_{e+p}$$

式中，P 为生产量，单位为 ind·L^{-1}·d^{-1} 或 μg·L^{-1}·d^{-1}；N 为采样期间轮虫的平均数，单位为 ind·L^{-1}；T_{e+p} 为从卵孵化至成体怀卵又孵化所需的时间，单位为 d；W 为平均体重，单位为 μg。

由于本法不需要确定轮虫和卵的比例，所以适用于把卵产在水生植物和碎片上的那些轮虫,如异尾轮虫等,以及许多卵胎生的轮虫,如晶囊轮虫等。本法也可用于测定原生动物的生产量。

(5) 允许误差

测定结果要给出平均数、标准差和样本数。

(6) 注意事项

缩短采样时间间隔是获得较好结果的关键。

实验 27　浮游植物叶绿素 a 含量的测定

【实验目的】

了解叶绿素 a 测定的原理,并掌握水体浮游植物叶绿素 a 测定的方法。

【实验用具】

1. 试剂

丙酮溶液[$\varphi(CH_3COCH_3)=90\%$,分析纯]:量取丙酮[$\omega(CH_3COCH_3)=99.7\%$,分析纯]900 mL,用蒸馏水稀释至 1 L。

乙醇[$\varphi(C_2H_5OH)=90\%$,分析醇]:量取乙醇[$\omega(C_2H_5OH)=99.9\%$,分析纯]900 mL,用蒸馏水稀释至 1 L。

2. 仪器设备

抽滤器、滤膜、抽滤瓶、真空泵、研磨器、量筒、镊子、冰箱、离心机、分光光度计等。

【实验内容】

1. 基本原理

叶绿素不溶于水,溶于中性有机溶剂。因此,通常选用丙酮、乙醇、甲醇作为叶绿素的提取液。叶绿素 a、叶绿素 b、叶绿素 c 在 90% 丙酮溶液中对红、黄光波的最大吸收光谱,分别为 665nm、645nm、630 nm。由于各门藻类所含的叶绿素、类胡萝卜素、藻胆素的种类与相对量存在着较大的差异,各门藻类的光合色素在 90% 丙酮溶液中的光吸收曲线尽管存在着一定差别,但由于叶绿素 a 的主导作用,在可见光范围内除血红裸藻在 470 nm 有个最大峰值外,其他类群的植物的最大吸收光谱仍是 430 nm 与 665 nm。叶绿素在藻类中的分布见表 27-1。

表 27-1　叶绿素在藻类中的分布(引自韩博平,2003)

藻　类	叶　绿　素								
	a	b	a2	b2	c1	c2	c3	d	MgDVP
蓝藻门 Cyanophyta	+	−	−	−	−	−	−	−	−
原绿藻门 Prochlorophyta	+	+	+	+	−	−	−	−	+
红藻门 Rhodophyta	+	−	−	−	−	−	−	+	−
隐藻门 Cryptophyta	+	−	−	−	−	+	−	−	−
绿藻门 Chlorophyta	+	+	−	−	−	−	−	−	−
褐藻门 Phaeophyta	+	−	−	−	+	+	+	−	−
甲藻门 Pyrrophyta	+	−	−	−	−	+	+	−	+
金藻门 Chrysophyta	+	−	−	−	+	+	−	−	−
黄藻门 Xanthophyta	+	−	−	−	−	−	−	−	−
硅藻门 Bacillariophyta	+	−	−	+	+	+	−	−	−

2. 测定方法（引自黄祥飞，1999）

测定叶绿素的方法很多，目前常用的主要方法是分光光度法与荧光法，这里仅介绍分光光度法。分光光度法又可分为三色法与单色法两种：三色法除测定叶绿素 a 外，同时要求测定叶绿素 b 和叶绿素 c；单色法则不要求测定叶绿素 b 和叶绿素 c，但强调把叶绿素 a 与脱镁叶绿素 a 分开加以测定。因为三色法计算所得结果较粗，误差大，现已较少使用。目前大多数采用 Lorenzen（1967）提出的单色分光光度法。这里着重介绍现在比较流行的热乙醇法。

3. 测定步骤

（1）水样的保存

将水样注入水样瓶后，放在阴凉处，应避免阳光直射。如水样的进一步处理需经过较长时间（例如在次日），应低温（0～4℃）保存。水样量视水体中浮游植物多少而定，一般 0.5～2 L。

（2）抽滤

在抽滤装置中放入 waterman GF/C 滤膜或普通聚酯纤维膜，抽滤时负压应不大于 50 kPa，抽滤完毕后，用镊子小心地取下滤膜，将其对折（有浮游植物样品的一面向里），再用普通吸压，尽量去除滤膜上水分；将滤膜叠置好，放入带刻度的玻璃离心管内，立即放入 −20℃冰箱冰冻保存，裂解藻细胞。

（3）提取

将冰冻 24 h 装有滤膜的离心管从冰箱内取出，迅速加入 4～6 mL 沸腾的热乙醇（浓度 90%），将离心管置于 80℃的水浴锅中，煮沸 2 min；立即取出，置于阴暗，避光提取 4 h。

（4）离心/过滤

若使用的为聚酯纤维滤膜，则将装有样品的离心管放入离心机中，在 3 500～4 000 r/min 转速下离心 10～15 min，取出离心管，将管中含有叶绿素的上清液小心吸入计量管中。若离心管内的沉淀物中仍含有少量色素，需加少量溶剂再次提取、离心，再将上清液吸入上述计量管中，如此反复 1～2 次，直至沉淀物不含色素为止。计量管中的抽提液如不到最终体积（10 mL），则用 90%乙醇稀释至最终体积并用干净吸管吹匀。

若使用的为玻璃纤维滤膜，则用镊子将滤膜拧干，将叶绿素浸出液倒入针管过滤器中，进行过滤，滤液接入干净的带刻度的计量管中；若滤膜上仍有残留色素，应重复上述过程 2～3 次，直至滤膜变白为止；最后将计量管中的抽滤液进行定容，方法同上。

（5）光密度测定

在一定光径（1～3 cm）的比色皿中读取波长为 665 nm 和 750 nm 处的光密度（750 nm 处的光密度是作为校正其他物质的吸收值用的）。参比液（提取剂空白）和样品液间在 750 nm 光密度值之差应不大于 0.015，665 nm 处光密度值应该在 0.1～0.8。

加 1 滴盐酸溶液（$C_{HCl}=1$ mol/L）到比色皿中，在 5～10 min 内再次测定 750 nm 和 665 nm 处的光密度。

分光光度计的波长精度和光谱带宽度对测定结果有较大影响，应注意采用适合的分光光度计。

4. 结果计算

首先计算出酸化前、后的光密度 Eb 与 Ea。

$$E_b = D_{665b} - D_{750b}$$
$$E_a = D_{665a} - D_{750a}$$

然后用 Lorenzen(1967)公式计算单位水体中的叶绿素 a(Chla)与脱镁叶绿素 a(Pa)的含量：

$$叶绿素\ Chla(\mu g/L) = [A \times K \times (E_b - E_a) \times V_e]/(V \times L)$$
$$脱镁叶绿素\ Pa(\mu g/L) = [A \times K \times (R \times E_a - E_b) \times V_e]/(V \times L)$$

式中，A 为叶绿素 a 的比吸光系数在 90%乙醇溶液中，$A=11.5$；R 为 D_b/D_a，即纯叶绿素 a 酸化前后的光密度之比，$R=1.7$；K 为 $R/(R-1)=1.7/(1.7-1)=3.43$；E_b 为酸化前的光密度；E_a 为酸化后的光密度；V_e 为提取液体积，单位为 mL；V 为过滤水样之体积，单位为 L；L 为比色皿光环长度，单位为 cm。

如用丙酮溶液(浓度 90%)作提取液，比色皿光径为 1 cm，则上述计算公式可简化为：

$$Chla = \frac{27.3 \times (E_b - E_a) \times V_e}{V}$$

$$Pa = \frac{27.3 \times (1.7E_b - E_a) \times V_e}{V}$$

应当指出，当单位水体中叶绿素含量极低，或水样量很少时，用普通分光光度法测定叶绿素，其灵敏度可能不够，可以利用叶绿素受短波光照射后产生波长较长的荧光这一特点，应用荧光光度计测定具有活性的叶绿素，此法称为荧光分光光度法，其灵敏度比一般分光光度法高 10~100 倍。

5. 允许偏差

每一次样品应测定两次，两次结果允许相对偏差小于±5%。

6. 浮游植物叶绿素测定记录表(表 27-2)

表 27-2　浮游植物叶绿素测定记录表

	测定值 X_i	平均值 x
抽滤水样体积(V)/L		
提取液体积(V)/L		
比色皿光程(L)/cm		
E_b		
E_a		
$E_b - E_a$		
$RE_a - E_b$		
$\dfrac{V_e}{V}$		
Chla/($\mu g \cdot L^{-1}$)		
Pa/($\mu g \cdot L^{-1}$)		
测定日期：	记录人：	

主要参考文献

B 福迪. 1980. 藻类学. 上海：上海科学技术出版社.

陈新军, 刘必林. 2009. 世界头足类. 北京：海洋出版社.

迟若文. 1990. 西藏硅藻图集. 拉萨：西藏人民出版社.

董聿茂. 1982. 中国动物图谱：甲壳动物. 北京：科学出版社.

郭浩. 2004. 中国近海赤潮生物图谱. 北京：海洋出版社.

韩博平, 韩志国, 付翔. 2003. 藻类光合作用机理与模型. 北京：科学出版社.

韩茂森, 束蕴芳. 1995. 中国淡水生物图谱. 北京：海洋出版社.

何志辉, 赵文. 2001. 养殖水域生态学. 大连：大连出版社.

胡鸿钧, 李尧英, 魏印心, 等. 1980. 中国淡水藻类. 上海：上海科学技术出版社.

胡鸿钧, 魏印心. 2006. 中国淡水藻类——系统, 分类及生态. 北京：科学出版社.

黄祥飞. 1999. 湖泊生态调查观测与分析. 北京：中国标准出版社.

蒋燮治, 堵南山. 1979. 中国动物志 (节肢动物门 甲壳纲 淡水枝角类) 北京：科学出版社.

金德样, 陈金环, 黄凯敏. 1965. 中国海洋浮游硅藻类. 上海：上海科学技术出版社.

李少菁, 许振祖, 黄加祺, 等. 2001. 海洋浮游动物学研究. 厦门大学学报(自然科学版)40
　　(2)：574-585.

李新正, 刘瑞玉, 梁象秋, 等. 2007. 中国动物志 无脊椎动物. 第四十四卷(甲壳动物亚门,
　　十足目, 长臂虾总科). 北京：科学出版社.

李永函, 赵文. 2002. 水产饵料生物学. 大连：大连出版社.

梁象秋, 方纪祖, 杨和荃. 1996. 水生生物学. 北京：中国农业出版社.

林金美. 1991. 厦门西海域浮游植物的生态. 台湾海峡, 10(4)：345-350.

刘国祥, 胡征宇. 2006. 中国淡水甲藻两个新记录属. 植物分类学报, 02：189-194.

刘国祥, 胡征宇. 2012. 中国淡水藻类 (第十五卷) 绿藻门绿球藻目 (下). 北京：科学出
　　版社.

刘建康. 1999. 高级水生生物学. 北京：科学出版社.

刘瑞玉. 1955. 中国北部经济虾类. 北京：科学出版社.

刘瑞玉, 王绍武. 2000. 中国动物志 甲壳动物亚门糠虾目卷. 北京：科学出版社.

刘月英, 张文珍, 刘跃先. 1979. 中国经济动物志. 淡水软体动物. 北京：科学出版社.

孟伟, 张远, 渠晓东. 2011. 河流生态调查技术方法. 北京：科学出版社.

裴鑑, 单人骅. 1952. 华东水生维管束植物. 北京：中国科学院出版社.

齐钟彦. 1996. 中国经济软体动物. 北京：中国农业出版社.

任先秋. 2012. 中国动物志 无脊椎动物. 第四十三卷(甲壳动物亚门,甲壳端足目,钩虾亚
　　目). 北京：科学出版社.

沈嘉瑞. 1979. 中国动物志 淡水桡足类. 北京：科学出版社.

沈韫芬.1999.原生动物学.北京：科学出版社.

施之新.1999.中国淡水藻志(第六卷)裸藻门.北京：科学出版社.

施之新.2013.中国淡水藻志(第十六卷)硅藻门桥弯藻科.北京：科学出版社.

宋微波,赵元莙,徐奎栋,等.2003.海水养殖中的危害性原生动物.北京：科学出版社.

宋微波.1999.原生动物学专论.青岛：青岛海洋大学出版社.

王家楫.1961.中国淡水轮虫志.北京：科学出版社.

小久保清治.1960.浮游硅藻类.华汝成(译).上海：上海科学技术出版社.

徐凤早.1933.南京丰年虫之解剖与发生.南京：中国科学社.

徐兆礼,崔雪森,陈卫忠.2004.东海浮游桡足类的种类组成及优势种.水产学报,28(1)：35-40.

杨世民,董树刚.2006.中国海域常见浮游硅藻图谱.青岛：中国海洋大学出版社.

殷浩文.1992.上海市浦东开发区的淡水藻类生态调查.上海环境科学,11(6)：10-14.

虞功亮,宋立荣,李仁辉.2007.中国淡水微囊藻属常见种类的分类学讨论——以滇池为例.植物分类学报,45(5)：727-741.

曾建飞.1999.中国植物志.第三十二卷.北京：科学出版社.

张玺.1962.中国经济动物志.海产软体动物.北京：科学出版社.

章宗涉,黄祥飞.1995.淡水浮游生物研究方法.北京：科学出版社.

赵文.2004.水生生物学(水产饵料学)实验.北京：中国农业出版社.

赵文.2005.水生生物学.北京：中国农业出版社.

赵修复.1991.中国春蜓分类(蜻蜓目：春蜓科).福州：福建科学技术出版社.

浙江动物志编辑委员会.1991.浙江动物志(甲壳类).杭州：浙江科学技术出版社.

郑丙辉,刘录三,李黎.2011.溪流及浅河快速生物评价方案(着生藻类、大型底栖动物及鱼类).北京：中国环境科学出版社.

郑乐怡,归鸿.1999.昆虫分类.南京：南京师范大学出版社.

郑重,李少菁,许振祖.1984.海洋浮游生物学.北京：海洋出版社.

中国科学院动物研究所甲壳动物研究组.1979.中国动物志 节肢动物门 甲壳纲 淡水桡足类.北京：科学出版社.

中国科学院中国植物志编辑委员会.1988.中国植物志25卷(2)藜科苋科.北京：科学出版社.

周长发.2002.中国大陆蜉蝣目分类研究.天津：南开大学.

朱浩然.2007.中国淡水藻志(第九卷)蓝藻门藻殖段纲.北京：科学出版社.

朱蕙忠,陈嘉佑.2000.中国西藏硅藻.北京：科学出版社.

Aloi J E. 1990. A critical review of recent freshwater periphyton field methods. Canadian Journal of Fisheries and Aquatic Sciences，47：656-670.

American Public Health Association (APHA). 1995. Standard methods for the examination of water and wastewater. American Public Health Associaton, American Water Works Association, and Water Pollution Control Federation. 19th editon,Washington, DC.

Anderson D T. 1980. Barnacles-structure, function, development and evolution. London: Chapman and Hall.

Bahls L L. 1993. Periphyton bioassessment methods for Montana streams. Montana Water Quality Bureau, Department of Health and Environmental Science, Heltena, Montana.

Bellinger E G, Sigee D C. 2010. Freshwater Algae: Identification and use as bioindicators, Wiley-Blackwell.

Bellinger E G. 1974. A note on the use of algal sizes in estimates of population standing crops. Brtitish. Phycological Journal, 9: 157 - 161.

Dean A P 2004. Interactions of phytoplankton, zooplankton and planktonic bacteria in two contrasting lakes. Life Sciences PhD thesis, University of Manchester, UK, 386.

Eaton A D, Franson M A, Clesceri L S. 2005. Standard methods for the examination of water and waste water. 21st edn. Baltimore: American Public Health Association.

Ehrenberg C G. 1834. Beiträge zur physiologischen Kenntniß der Corallenthiere im allgemeinen, und besonders des rothen Meeres, nebst einem Versuche zur physiologischen Systematik derselben. Abhandlungen der Königlichen Akademie der Wissenschaften in Berlin.

Farzana Yousuf. 2003. Redescription of Oratosquilla interrupta (Manning, 1995) (Crustacea: Stomatopoda) and its transfer to Oratosquillina(Manning, 1995) from northern Arabian Sea, Karachi, Pakistan. Pakistan Journal of Biological Sciences, 6(13): 1199 - 1201.

Fikáček M, Hájek J, Prokop J. 2008. New records of the water beetles (Coleoptera: Dytiscidae, Hydrophilidae) from the central European Oligocene-Miocene deposits, with a confirmation of the generic attribution of Hydrobiomorpha enspelense Wedmann 2000. Annales de la Société Entomologique de France. Taylor & Francis Group, 44(2): 187 - 199.

Florida Department of Environmental Protection(FLDEP). 1996. Standard operating procedures for biological assessment. Florida Department of Environmental Protection, Biology Section.

Gilinsky E. 1984. The role of fish predation and spatial heterogeneity in determining benthic community structure. Ecology, 65: 455 - 468.

Harring H K. 1921. The Rotatoria of the Canadian Arctic Expedition, 1913 - 1918. Part E: Rotatoria. Rep. Can. Arct. Exped, 1913—1918.

Hauer F R, Lamberti G A. 2007. Methods in Stream Ecology. 2nd ed. London: Academic Press Limitied.

Hillebrand H, Durselen C D, Kirschtel D, et al. 1999. Biovolume calculation for pelagic and benthic microalgae. Journal of Phycology, 35: 403 - 424.

Houlahan J E, Findlay C S, Schmidt B R, et al. 2000. Quantitative evidence for global amphibian population decline. Nature, 404: 752 – 755.

Jennings H S. 1903. Bulletin of the United States Fish Commission 22 volumes. U. S. Government Printing Office.

K A Langeland. 2008. Identification and Biology of Nonnative Plants in Florida's Natural Areas. Second Edition, by University of Florida-IFAS Pub SP 257.

Kelly M G. 2001. Use of similarity measures for quality control of benthic diatom samples. Water research, 35: 2784 – 2788.

Kentucky Department of Environmental Protection (KDEP). 1993. Methods for assessing biological integrity of surface water. Kentucky Department of Environmental Protection, Division of Water, Frankfort, Kentuchky.

Koste W Rotatorria. 1978. Die Radentiere Mitteleuropas. Berlin, Stuttgart: Gebruden Borntnagen.

Laybourn-Parry J. 1985. A Functional Biology of Free-Living Protozoa. London & Sydney: Croom Helm.

Lodge D M, Kershner M W, Aloi J. 1994. Effects of an omnivorous crayfish (Orconectes rusticus)on a freshwater littoral food web. Ecology, 75: 1265 – 1281.

Lorenzen C J. 1967. Determination of chlorophyll and pheo-pigments: spectrophotometric equations. Limnology and oceanography, 12(2): 343 – 346.

Marshall Laird. 1953. The Protozoa of New Zealand Intertidal Zone Fishes. Transactions of the Royal Society of New Zealand.

Nisbet B. 1985. Nutrition and Feeding Strategies in protozoa. London & Canberra: Croom Helm.

Oklahoma Conservation Commission(OCC). 1993. Development of rapid bio-assessment protocols for Oklahoma utilizing characteristics of the diatom community. Oklahoma Conservation Commission, Oklahoma City, Oklahoma.

Patrick R, M H Hohn, J H Wallace. 1954. A new method for determining the pattern of the diatom flora. Nothulae Naturae, 259: 1 – 12.

Pennak R W. 1989. Freswater invertebrates of the United States. 3rd edition. Wiley and Sons, Newyork.

Platt T, Li William. 1986. Photosynthetic Picoplankton. Ottawa: Department of Fisheries and Oceans.

Porter S D, T F Cuffney, M E Gurtz, et al. 1993. Methods for Collecting Algal Samples as Part of the National Water-Qqulity Assessment Program. US Geological Survey, Report 93 – 409. Raleigh, North Carolina, USA.

Rosen B H. 1995. Use of periphyton in the development of biocriteria American Society of Testing and Materials. ASTM STP 894: 118 – 149.

Segers H. 2008. Global diversity of rotifers (Rotifera) in freshwater. Hydrobiologia,

595：49 - 59.

Sigee D C. 2004. Freshwater microbiology：Diversity and Dynamic Interactions of Microorganisms in the Aquatic Environment. Chichester，UK，John Wiley &·sons，524.

Sigee D C，Holland R. 1997. Elemental composition，correlations and rations within a population of Staurastrum planktonicum. Journal of Phycology，33：182 - 190.

Sigee D C，Levado E. 2000. Cell surface elemental composition of Microcystic aeruginosa：high-Si and low-Si subpopulations within the water column of a eutrophic lake. Journal of plankton Research 22，2137 - 2153.

Stephe D. 1997. The role of macrophytes in shallow lakesystems：whole lake，mesocosm and laboratory studies. PhD thesis，University of Liverpool，UK.

Stevenson R J，Lowe R L. 1986. Sampling and interpretation of algal patterns for water quality assessments. American Socity of Testing and Materials (USA)，118—149.

Wallace Robert L，Terry W Snell，Claudia Ricci，et al. 2006. Rotifera biology，ecology and systematics. 2nd edition. Ghent：Kenobi Productions.

Walter Dodds，Matt Whiles. 2010. Freshwater Ecology：Concepts and Environmental Applications，Elsevier.

Woelkerling W J. 1976. Wisconsin desmids. I Aufwuchs and plankton communities of selected acid bogs，alkaline bogs and closed bogs. Hydrobiologia，48：209 - 232.

W S Davis，T P Simon. 1995. Biological assessment and criteria：Tools for water resource planning and decision making. Lewis Publishers，Boca Raton，Florida.

Wu zhengyi，Hong deyuan. 2002. Flora of China. Beijing：Seience Press.

http：//www. ntm. gov. tw/

http：//www. epa. gov/

附录 1　浮游生物的显微观测方法

1. 浮游生物定量检测

浮游植物一般采用浓缩计数法。每个样品采用一定的视野数，然后计算出总细胞数。使用时，取 0.1 mL 沉淀的定量样品与浮游植物计数框，盖上盖玻片，注意不要有气泡或使样品溢出。

浮游植物计数框（图附 1-1）：在一块较厚的载玻片上有 2 cm 边长的正方形方框，每边长又划分成 10 等分，形成 100 个面积为 4 mm² 的小格，四周由 0.25 mm 高的玻璃框围成一个方框，框内体积正好 0.1 mL。原生动物也是用该计数框中来计数的。

浮游动物一般采用浓缩计数法。浮游动物计数框（图附 1-2）主要用于计数轮虫、桡足类的生物量。在一块较厚的载玻片上，有长 5 cm、宽 2 cm、高 0.1 cm 的长方形方框，框内体积刚好 1 mL。

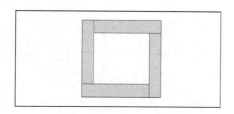 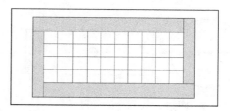

图附 1-1　0.1 mL 浮游植物计数框　　　图附 1-2　1 mL 浮游动物计数框

2. 油镜的使用

对高倍镜下仍不能观察清楚的标本结构，就需换用油镜。将高倍镜转离光轴，在载玻片标本待观测的区域滴上一滴香柏油后，将玻片标本待观测的区域放置在透光孔中心。转动物镜，将油镜移至工作位置，转动粗焦手轮，直至油镜头浸没于香柏油内，使镜头接近载玻片，调节焦距，即可完成对标本的观察。

3. 计数注意事项

在进行显微观测计数时，我们会遇到一些问题，这些问题需要按照一个统一的标准或规定来处理，从而得到较为准确的结果。

如浮游植物计数时是按视野数计数（图附 1-3）。在整个样片中选取视野时，当选中第一个视野后，从左到右按照一定的间隔（5 格、10 格等）定下一个视野，当到达样框右边末的时候跳到下一格，从右向左移动，按以上操作进行，示意图见图附 1-3。

在一个视野中，如图附 1-4，当观测样正好位于网格线上时，如图中 A—B、B—C、C—D 线，则可以以 BD 对角线来分，统一计 ABD 或是 BCD 线上的样，并且在该整片的计数中，都要按所选取的统一方式计数。

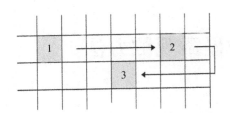

图附1-3　样片视野计数(引自 Bellinger et al. ,2010)

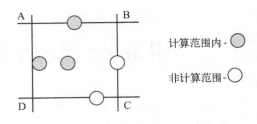

计算范围内-⬤

非计算范围-◯

图附1-4　单个格子的计数法则(引自 Bellinger et al. ,2010)

4. 台测微尺与目测微尺的使用

台测微尺：在一特殊的载玻片其中刻有 1 mm 分成 100 小格的微型尺(图附1-5)。

目测微尺：一个可以放入显微镜目镜中的玻片,上面也有一个微型尺(图附1-6)。

使用时把目测微尺放入显微镜内,把台测微尺放在载物台上,然后在不同倍数的物镜内有一个台测微尺的小格为目测微尺的几倍,因为台测微尺的长度是已知的,所以就可以推算出在某一放大倍数时目测微尺的一小格长度是多少。然后去掉台测微尺,放入要测量的标本进行测量,把测得的台测微尺的数值乘以一定的倍数,即为标本的长度。

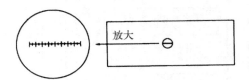

放大

图附1-5　台测微尺

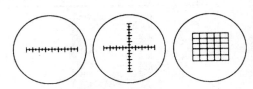

图附1-6　目测微尺(引自赵文,2004)

附录 2　水生生物常见采样器具

1. 浮游生物网

浮游生物网的主要用途是捞取浮游生物，为调查浮游生物的首要工具。普通的浮游生物网为圆锥形，口径约为 20 cm，网长为 60~90 cm，制作时可用直径约为 4 mm 的铜条或不锈钢做网圈支持网口，使网成圆形。网衣部分用筛绢缝制。网头用金属套在网底，网头上有开关阀门；网底部分也可直接加装一个带刻度的收集管或离心管，以方便生物样品的采集（图附 2 - 1）。

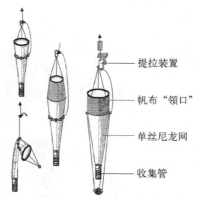

提拉装置

帆布"领口"

单丝尼龙网

收集管

图附 2 - 1　浮游生物网
（引自 http: www. aquaticresearch. com/
closing-plankton_nets. htm)

表附 2 - 1　　网孔大小及适用范围(引自 Eaton et al. ,2005)

孔径大小/μm	相对开口区/%	适 用 类 别
1 024	58	超大型浮游动物和鱼类等游泳动物
752	54	较大型浮游动物及鱼类等游泳动物
569	50	大型浮游动物及鱼类等游泳动物
366	46	较大个体的甲壳动物
239	44	小型浮游甲壳动物
158	45	小型浮游甲壳动物和大多数轮虫
112	45	轮虫、枝角类和大多数原生动物
76	45	
64	33	浮游植物以及其他大型、小型浮游生物
53	—	
10	—	微型浮游植物

浮游生物网的网孔大小不同，采集浮游生物的适用性也不同（表附 2 - 1）。采集浮游植物时，使用网孔在 53~76 μm 的浮游生物网较好，而更大网孔的网具可以在采集群体性生长的蓝藻或其他大型藻类时使用。浮游生物网可以将粒径小于其网孔的浮游生物过滤掉，每种规格的网具可采集特定类群的生物。换言之，较小网孔的浮游生物网可以采集比其孔径大的各种生物类群。如淡水生态调查中，25#（孔径 64 μm）和 13#（孔径 112 μm）浮游生物网最为常用，分别用于采集浮游植物和浮游动物定性样本。

使用时将浮游生物网用棉绳拴在竹竿上，然后关闭底部的阀门，将网放入水中 15 cm 左右深处，作"∞"字的循回拖动，约 3~5 min 后将网徐徐提起。待水滤去后，所有浮游生物都集中在网头内时，即可将盛装标本的小瓶装好，打开阀门，让标本流入瓶中（对于网具下方装有收集管或离心管的而言,可直接将离心管旋下即可),然后加入福尔马林使之以4‰的浓度固定保存,记录瓶号、地点、时间等以备后续研究。

2. 采水器

采水器(图附2-2)是水样采集的重要工具,也是水生生物定量采集的主要仪器。

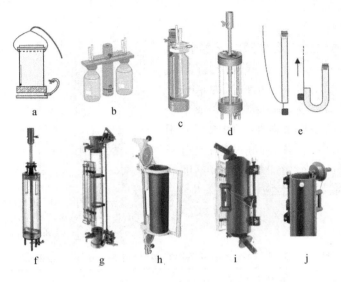

图附2-2 不同类型的采水器

a. 有机玻璃采水器;b、c. 玻璃瓶采水器;d. Ruttner标准水样采集器;e. 管状采水器;f. 工业采水器;g. 南森采水器(颠倒式采水器);h. 通用型采水器;i、j. 通畅流采水器

采水器的种类非常多,各有优点。目前国内最常用的为有机玻璃材质的通用型采水器(图附2-2a),可作生态调查水质样品采集和浮游生物定量样品的采集。玻璃瓶采水器(图附2-2b,c)是结构最为简单一类采水器,取样深度最高可达100 m。玻璃瓶采水器一般由PVC固定器和可更换的1 000 mL玻璃采样瓶组成。为了防止样品被表面水污染,将处在关闭状态的LIMNOS水样采集器系在一根线缆上,沉入水中。当达到预期深度时,使锤将会撞击铁砧,这时硅树脂管将会弹起,允许水样进入样品瓶,同时将空气排出。玻璃瓶采水器还有一个特性就是,它可以在高压灭菌锅中灭菌,确保样品不会污染杂菌。

颠倒采水器(图附2-2g)由防震聚碳酸酯材料组成的透明采样管,巨大的圆形进水口,带特氟龙盖的不含油脂的球形阀,样品容量1.7 L,带刻度的采样管,空气中净重3 kg,水中净重1.5 kg。外部尺寸没有超出传统的金属Nansen采样瓶。很容易维护,所有的部件都可以很方便的替换。通用水样采集器(图附2-2h)是众多标准设备取长补短的组合,由于一种新的密封盖附加装置从而保证了样品绝对不会渗漏。样品出口和空气进口阀门使样品的移动非常的方便。盖子自动处于敞开状态,从而不会阻碍水流通过采样管的自由流动。这样可以阻止采样管的堵塞,保证取到的是预期深度的水样。颠倒式采水器、通用型采水器和通畅流采水器(图附2-2i,j)的密闭性很强,抗压能力也较强,比较适合海洋水体采样。

3. 采泥器(图附 2-3)

(1) 彼得森采泥器

彼得森采泥器的采集面积一般为 1/16 m² 或 1/20 m²,亦有小型 1/40 m² 的改进款。该采泥器主要有两瓣挖斗式铁勺和上部的活钩组成,将铁勺由钢丝绳挂于活钩上,然后通过绳索迅速将其沉入水底,当铁斗与底泥接触时,活钩即脱落,向上提拉时,绳子将铁斗拉紧,铁斗自然夹拢将底泥样夹在其中,多余的水自每瓣铁斗上方的方孔中流出,提出水面即可获取泥样。这种采泥器主要用来采集昆虫幼虫和寡毛类及小型软体动物。

(2) 箱式采泥器

箱式采泥器一般较沉重,主要适合于深水湖泊或海洋水体。在使用时一般需要绞车等辅助设施。采集时,打开阀门,放入水底,随即提拉闭锁阀门的绳子,使其关闭阀门,然后通过机器将采泥器提出水面,打开阀门,底泥就坠落于一定的容器中。该采泥器的平均采样泥深能达到 40 cm。常见型号为 80000 型。

(3) 柱状采泥器

柱状采泥器一般用于采集柱状沉积物,可用于多年底质沉降分析、湖泊发育演替、底栖硅藻的采集研究等样品的采集。一般分为手动式和自重活塞式两

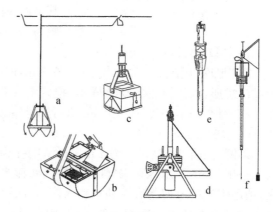

图附 2-3 不同类型的采泥器 (引自 http://www.watertools.cn/prod_show.asp? id=346)

a, b. 彼得森采泥器;c, d. 箱式采泥器;e, f. 柱状采泥器

种,前者为小型采泥器,一般适用于小于 4 m 的浅水湖泊河流采样;后者较大型,上部安装有平衡鳍和加重的铅块,可适合深水水体和底质较硬的水体采样。

4. 底栖生物网

(1) 索伯网(surber net)

索伯网(图附 2-4)是进行河流底栖动物采样的常用工具,根据采样需要,可选用 40 目或 60 目、采样框尺寸 0.3 m×0.3 m 或 0.5 m×0.5 m 的索伯网,主要适用于水深小于 30 cm 的山溪型河流或河流的浅水区(引自孟伟等,2011;Hauer et al.,2007)。

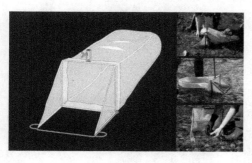

图附 2-4 索伯网

(引自 http://ahorrey.com/? action-viewnews-itemid-17455)

选择采样点后,将采样框的底部紧贴水体底质。先将采样框内较大的石块在索伯网的网兜内仔细清洗干净,其上附着的大型底栖动物全部洗入网兜内。然后用小型铁铲或铁耙搅动采样框内的底质,所有底质与底栖动物均应采入采样网兜内,搅动深度一般为 15~30 cm,具体根据底质特征决定(引自孟伟等,2011)。

（2）Hess 网（图附 2-5）

根据采样需求，可选用 40 目或 60 目的 Hess 网。采样框的直径为 0.36 m，高度为

0.45 m。适用于水深小于 40 cm 的山溪型河流或河流的浅水区。

图附 2-5　Hess 网
（引自 http：//wildco.com/index.php?
cPath=1_14_117）

　　选择采样点后，将 Hess 网底部紧贴河道底质，先将采样框内较大的石块在网兜内仔细清洗干净，然后用小型铁铲或铁耙搅动采样框内底质，水流会将被搅动的底栖动物和杂质带入采样器网兜内，所有底质及其中的底栖动物均应采入采样网兜内，搅动的深度一般为 15~30 cm，具体根据底质特征决定。

（3）"D"形网（D-frame dip net）

"D"形网（图附 2-6）为 0.3 m×0.3 m，网孔为 0.5 mm，网口形状为"D"形，网袋为锥形或口袋形，以捕捉底栖动物样本，拖网与一根很长的杆子相连。用拖网逆水流方向采集，一般每个样本采集 5~10 min，每个地点采集 3~5 个样本。

（4）踢网（kick net）

踢网（图附 2-7）尺寸为 1 m×1 m，网孔为 0.5 mm，主要适用于底质为卵石或砾石且水深小于1 m的流水区。采样时，网口与水流方向相对，用脚或手扰动网前 1 m 的河床底质，利用水流的流速将底栖动物趋入网，一次可采集 1 m²。用踢网进行采样，移动性强的一些物种会向侧方游动而不被采获，因此，该方法为半定量采样方法。但大量研究表明，在生物评价和生物监测中，用踢网进行半定量采样的方法已经足够，因为用该方法采集到的底栖动物组成能够提供某点底栖动物群落可靠准确的指示信息。

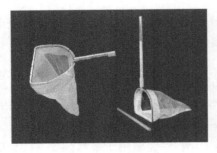

图附 2-6　"D"形网

图附 2-7　踢网（引自 http：//www.fishingthefly.
co.uk/forum/index.php? topic=2638.0）

（5）漂流网（drift net）

底栖动物的相当一部分会随水流向下游漂流，这一方面是由于动物受到水流的扰动影响，另一方面是源于某些动物本身的生活习性。因此可用漂流网（图附 2-8）采集水体中的底栖动物样本，其网口尺寸一般为 30 cm×40 cm，框架上方为塑料泡沫，利于漂流网漂浮于水体中。采样时，将漂流网沿溪流

图附 2-8　漂流网（引自 http：//www.
rickly.com/as/driftnet.htm）

横断面逆水方向布置，以捕捉水体中的底栖动物个体。

（6）底栖拖网（图附 2-9）

用铜或铁作成三角形或四方形具齿的架子，配有边长 30～40 cm 的网袋。架子的角上都装上粗绳，用长粗绳结上后用来拖取底栖生物。

图附 2-9　底栖拖网（引自 http：//www. instrument. com. cn/wetshow/ SH102703/c158415. htm）

5. 透明度盘（图附 2-10）

透明度盘（Secchis diss，又名萨氏盘）：直径为 20 cm 左右的圆板，材质可为铁片或有机玻璃，在板的一面由两条互相垂直将盘面平分为四等分，以黑白漆涂，近中心装有小铁环，另一面加以铅锤，以环上系上带刻度的绳子或皮尺。使用时，将盘在船的背光处放入水中，逐渐下沉，至刚刚不能看见盘面的白色时，记取其尺度就是透明度。观察时须往返二三次，读数以厘米为单位。

6. 水温计（图附 2-11）

目前常见的水温计一般分为三种类型：① 传统型水温计，该类型水温计外有金属壳，可保护内部水银温度计，又可装载一定体积的水体，保证水温读数在温度计出水后不发生激变，使用时，放入待测深度，过 5 min 后，提取读数；② 金属直读式水温计，其探头为铜等金属材质，可快速直接读取数据，体积小，轻便易携带，但探头短，不能测较深水体，用于溪流水温测量和其他水体的表层水温测量；③ 电子水温计，一个温度探头通过缆线与一个主机显示屏相连接，屏幕可直接显示温度数字，可读性较强，根据线缆长度不同可测取不同水深的水温（常见品牌有 HACH、YSI、WTW 等）。

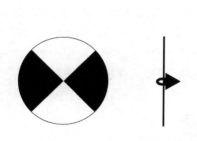

图附 2-10　透明度盘（张玮　绘）

传统型水温计　金属直读式水温计　电子水温计

图附 2-11　水温计

（引自 http：//cn. sonhoo. com/company_web/ sale-detail-7807694. html）

7. 流速仪

（1）旋杯式流速仪（图附 2-12）

主要构造可分为头部、尾部及附属机构，使用时将仪器及附件装好，放入水中，正确观测 3～5 min，记录仪器信号次数，再根据公式计算出流速。

（2）涡轮直读式流速仪

便携式直读流速仪用于测量明渠和非满管的流速。流速探头由受保护的水涡轮螺旋桨正位移传感器与一个可伸缩的探头手柄连接组成，手柄末端有一个数值显示器可显示最大/最小/平均流速，提供最精确的流速测量。它主要用于暴雨径流研究，测量下水道、管道、沟渠和江河，监测溪流的水体流速。

流速仪的手柄长度可伸缩，材料是阳极氧化铝，重量轻，使用寿命长。常见型号有美国 Global Water - FP311、瑞士 Flowatch、德国 OTT - C20 等（图附 2 - 13）。

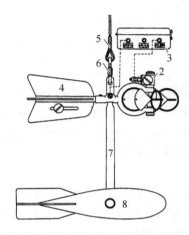

图附 2 - 12　旋杯式流速仪
（引自 http：//www. zsku. net/
citiao/sorto262/htm）
1. 旋杯；2. 传讯盒；3. 电铃计数器；
4. 尾翼；5. 钢丝绳；6. 绳钩 7. 悬杆
8. 铅鱼

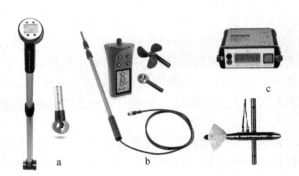

图附 2 - 13　不同类型的直读式流速仪
（引自 http：//www. instrument. com. cn/wetshow/
site02703/c158574. html）
a. 美国 Global Water-FP311 流速仪；
b. 瑞士 Flowatch 流速仪；德国 OTT-C20 流速仪

8. 测深仪（图附 2 - 14）

超声波测深仪是测量水库、湖泊、江河、浅海等水体的便携式测深仪器。测深时将超声波换能器放置于水面之下或一定位置，利用超声波在水中的固定声速 Vc 和超声波发射到接收的时间 T，仪器可以在静水中测深，也可在具有一定速度的水中测深，水流速度最大可达 5 m/s 左右（流速越大，测深距离越小），该仪器是库区、湖泊、河道的理想水深测量仪器。

图附 2 - 14　测深仪
（引自 http：//www. dzsc. com/product/information/
218637/2012112191730499. html）

附录3 生物检索表简介

生物检索表是生物学研究中常用的一种专业工具,用于对未知分类地位的细菌、植物、动物等生物进行科学分类和鉴别。根据使用目的的不同,生物检索表会分至不同的分类阶元。检索表将某一群生物依照某些稳定且易于观察和鉴别的特征进行一系列的区分,最终指向门、纲、目、科、属、种乃至亚种等分类阶元。由于检索表以稳定而显著的特征进行分类,故而使用检索表鉴定生物物种一般能够得到比较准确的结果。要学习水生生物学的种类多样性,必须学会查看检索表和制作检索表。

检索表在具体编制和排版上可分为三种:定距式检索表、平行式检索表和连续平行式检索表。其中定距式检索表最为常见。以蓝藻纲分目检索表为例分别说明三种检索表的形式。

1. 定距式检索表

定距式检索表将成对的特征分列在检索表的不同部分,以相同的号码标志,在每一特征之下对这一特征进一步进行分类,不同编码的特征会依次缩进。此类检索表中同一特征群体的生物在空间上比较接近,但是成对特征之间的距离常常很远。

1. 单细胞或群体(极少成丝状体),没有藻殖段,也没有异形胞 ·················· 2

  2. 没有分枝状突起 ·· 3

    3. 个体细胞无顶部及基部的分化。细胞圆球形、楔形、椭圆形,单个或以胶质组成球状或不规则群体,常营浮游生活 ········· 蓝球藻目(色球藻目)Chroococcales

    3. 个体细胞有顶部及基部的分化。细胞卵形、茄形等,常营附着生活 ············
      ·· 管胞藻目 Chamaesiphonales

  2. 多数细胞成团块连接成的植物体,有分枝突起或具异形丝(即组成假薄壁组织状或短丝状体) ································· 瘤皮藻目 Pleurocapsales

1. 藻体一般为单列或多列的具分枝或不分枝的丝状体(极少数为假薄壁组织)。有段殖体,或兼有异形胞 ·· 4

  4. 无异形胞,但有明显的藻殖段 ····················· 颤藻目 Oscillatoriales

  4. 有异形胞,也有明显的藻殖段 ·· 5

    5. 丝状体上的细胞圆形,有的顶部细胞逐渐减小。排列成一列不分枝或具假分枝的丝状体 ································· 念珠藻目 Nostocales

    5. 丝状体有分枝,由一至数列细胞组成。异形性藻体 ·····················
      ·· 多列藻目 Stigonematales

2. 平行式检索表

平行式检索表将成对特征紧邻排列,并标示为相同的序号,每一种特征之后指向下一对特征的序号。不同序号的特征之间并不缩进。这种检索表将成对特征相邻排列,但同一特征群的生物相互分隔。

1. 单细胞或群体(极少成丝状体),没有藻殖段,也没有异形胞 ………………………… 2

1. 藻体一般为单列或多列的具分枝或不分枝的丝状体(极少数为假薄壁组织)。有段殖体,或兼有异形胞 ……………………………………………………………… 4

2. 多数细胞成团块连接成的植物体,有分枝突起或具异形丝(即组成假薄壁组织状或短丝状体) ……………………………………………… 瘤皮藻目 Pleurocapsales

2. 没有分枝状突起 ……………………………………………………………………… 3

3. 个体细胞无顶部及基部的分化。细胞圆球形、楔形、椭圆形,单个或以胶质组成球状或不规则群体,常营浮游生活 ……………… 蓝球藻目(色球藻目)Chroococcales

3. 个体细胞有顶部及基部的分化。细胞卵形、茄形等,常营附着生活 ………………
……………………………………………………………… 管胞藻目 Chamaesiphonales

4. 无异形胞,但有明显的藻殖段 ……………………………… 颤藻目 Oscillatoriales

4. 有异形胞,也有明显的藻殖段 ……………………………………………………… 5

5. 丝状体上的细胞圆形,有的顶部细胞逐渐减小。排列成一列不分枝或具假分枝的丝状体 ……………………………………………………… 念珠藻目 Nostocales

5. 丝状体有分枝,由一至数列细胞组成。异形性藻体 …… 多列藻目 Stigonematales

3. 连续平行式检索表

连续平行式检索表将成对特征分列在检索表的不同位置,将具有相同特征的生物群在空间上邻近排列,依照排列顺序为特征编号,每对特征会有两个不同的编号,需用括号标明,查阅检索表时若特征相互符合,则依顺序查阅下一条特征,若不符合则按照括号中注明的编号查阅另一组特征。这类检索表将具有相同特征的生物群邻近排列,但成对特征被分开,而且不赋予相同序号。

1(6) 单细胞或群体(极少成丝状体),没有藻殖段,也没有异形胞

2(5) 没有分枝状突起

3(4) 个体细胞无顶部及基部的分化。细胞圆球形、楔形、椭圆形,单个或以胶质组成球状或不规则群体,常营浮游生活 ……… 蓝球藻目(色球藻目)Chroococcales

4(3) 个体细胞有顶部及基部的分化。细胞卵形、茄形等,常营附着生活 ………………
………………………………………………………… 管胞藻目 Chamaesiphonales

5(2) 多数细胞成团块连接成的植物体,有分枝突起或具异形丝(即组成假薄壁组织状或短丝状体) ……………………………………………… 瘤皮藻目 Pleurocapsales

6(1) 藻体一般为单列或多列的具分枝或不分枝的丝状体(极少数为假薄壁组织)。有段殖体,或兼有异形胞

7(8) 无异形胞,但有明显的藻殖段 ……………………………… 颤藻目 Oscillatoriales

8(7) 有异形胞,也有明显的藻殖段

9(10) 丝状体上的细胞圆形,有的顶部细胞逐渐减小。排列成一列不分枝或具假分枝的丝状体 ………………………………………………… 念珠藻目 Nostocales

10(9) 丝状体有分枝,由一至数列细胞组成。异形性藻体 ………………………………
………………………………………………………… 多列藻目 Stigonematales

附录 4　水生生物调查常用表格

表附 4-1　湖泊形态与自然环境调查表

湖泊名称		行政区划		主管单位	
地理位置		高程/m		水体形状	
长度/km		最大宽度/km		平均宽度/km	
正常水位/m		最高水位/m		最低水位/m	
最大深度/m		平均深度/m		湖岸线长度/m	
面积/hm^2		最大面积/hm^2		最小面积/hm^2	
容积/m^3		含盐量/%		湖底倾斜度	
底质类型		土壤类型		土壤特性	
年入水量/(m^3/a)		年出水量/(m^3/a)		年交换量/m^3	
集雨区面积/hm^2		植被类型		覆盖率/%	
备注					

记录日期：　　　　　　　　　　　　　　　记录人：

表附 4-2　江河形态与自然环境调查表

水体形态特征	江河名称		最大高程/m		最小高程/m	
	长度/km		起点		终点	
	最大宽度/km		最小宽度/km		平均宽度/km	
	最大深度/m		平均深度/m			
	地理位置					
	流经地区					
水文条件	正常水位/m		最大水深/m		年均水深/m	
	枯水期/d		丰水期/d		泥沙含量	
	流速/(m/s)		流量/(m^3/s)			
支流	数目		名称		长度/km	
	最大宽度/km		最小宽度/km		平均宽度/km	
	最大深度/m		平均深度/m		正常水位/m	
	最大水深/m		年均水深/m			
集雨区概况	面积/hm^2		地理位置(经纬度)		流域总人口	
	土壤类型		土壤特性		底质类型	
	植被类型		覆盖率/%		水土流失	
	排污口类型、数量					
	矿产资源的种类、分布、储量和开采情况					
	交通、旅游情况					
	工农业结构					
	水利工程开发状况					
备注						

记录日期：　　　　　　　　　　　　　　　记录人：

表附 4 - 3　气候气象条件调查表

水体名称：

年气候特征		季气候特征		调查区小气候特点	
年均气温/℃		年最高气温/℃		年最低气温/℃	
各月均气温/℃					
年均降水量/mm		年均相对湿度			
各月均降水量/mm					
年均风速		年主导风向		季主导风向	
各月均风速					
年均日照时数/d		日照率/%			
无霜期/d		冰封期/d		冰层最大厚度/cm	
主要灾害性天气					

记录日期：　　　　　　　　　　记录人：

表附 4 - 4　浮游生物采样表

河、湖、库名称：

水体名称		采样点		样品编号	
采样时间		采样工具		采样层次	
样品类别		样品量		固定剂	
天气		风力风向		底质	
水深/m		透明度/cm		流速/(m/s)	
气温/℃		水温/℃		pH	
采样点生物(大型水生植物、水华等)状况					
周围环境					
备　注					

记录日期：　　　　　　　　　　记录人：

表附 4 - 5　淡水生物名录及其分布表

河、湖、库名称：　　　　　生物类别：　　　　　采样日期：

序号	种类	学名	采样点分布状况					
合计								

记录日期：　　　　　　　　　　记录人：

注：用下列符号表示分布情况，"－"表示少，"＋"表示一般，"＋＋"表示较多，"＋＋＋"表示很多。

表附 4-6　浮游植物调查表

河、湖、库名称：　　　　　　　　　　　　　　　采样日期：

采样点	浮游植物总量		各门浮游植物数量(生物量)占总量百分比/%							
	数量/(万个/L)	生物量/(mg/L)	蓝藻	绿藻	黄藻	硅藻	甲藻	隐藻	裸藻	其他
平均										

测定日期：　　　　　　　　　　　　　　　记录人：

表附 4-7　浮游植物叶绿素测定记录表

河、湖、库名称：　　　　　采集工具：　　　　　采样日期：

项目 采样点	Ca	Cb	Cc
平均			

记录人：

表附 4-8　水体初级生产力"黑白瓶"测定表

河、湖、库名称：　　　采样点号：　　　透明度/cm：　　　采样日期：

计算 \ 挂瓶深度	0.0		
初始氧/(mg/L)			
白瓶氧/(mg/L)			
黑瓶氧/(mg/L)			
日毛生产量/(mgO$_2$/L·d)			
日呼吸量/(mgO$_2$/L·d)			
日净生产量/(mgO$_2$/L·d)			
水柱产量/(O$_2$/m^2·d)	水柱日毛生产产量	水柱日呼吸量	水柱日净生产产量

采样日期：　　　　　　　　　　　　　　　记录人：

表附 4-9　浮游动物调查表

河、湖、库名称：　　　　　　　　　　　　　　　采样日期：

采样点	浮游动物总量		各类浮游动物数量(生物量)占总量百分比/%			
	数量/(万个/L)	生物量/(mg/L)	轮虫类	枝角类	桡足类	原生动物
平　均						

测定日期：　　　　　　　　　　　　　　记录人：

表附 4-10　着生藻类野外数据表

溪流名称：	位置
位点♯ _____ 河长 _____	溪流类型
纬度 _____ 经度 _____	流域
STORET♯	机构
调查人：	批次编号：
填表人	日期 ____　时间 _____ AM　PM	调查原因：

生境类型	指明每种生境类型比例 □ 沙-粉砂-泥-淤泥 _____ %　　□ 砾石-卵石 _____ %　　□ 岩床 _____ % □ 小型木残骸 _____ %　　□ 大型木残骸 _____ %　　□ 植物、根株 _____ % □ 沙滩 _____ %　　□ 急流 _____ %　　□ 水潭 _____ % □ 树冠 _____ %
样品采集	采样设备　□ 抽吸装置　□ 尼龙夹　□ 刮擦　□ 其他 _____ 如何采样?　□ 涉水　□ 岸边　□ 船上 如果采用天然基质法-复合生境采样法,则每种生境采集样本数量: □ 沙-粉砂-泥-淤泥 _____ %　　□ 砾石-卵石 _____ %　　□ 岩床 _____ % □ 小型木残骸 _____ %　　□ 大型木残骸 _____ %　　□ 植物、根株 _____ % 如果采用天然基质法-单一生境采样法/人工基质法,则采样面积为: _____ cm²
备　注	

水生生物定性列表

指明大约丰度：0——无/未观察到,1——稀少(<5%),2——一般(5%~30%),3——丰富(30%~70%),4——优势(>70%)

着生藻类	0 1 2 3 4	黏泥	0 1 2 3 4
丝状藻类	0 1 2 3 4	大型底栖动物	0 1 2 3 4
大型植物	0 1 2 3 4	鱼类	0 1 2 3 4

表附 4-11　着生藻类样品记录表

页码＿＿＿／＿＿＿

采样日期	采集人	样品瓶编号	防腐剂	位点编号	溪流名称及位置	实验室交接日期	批次编号	分析日期		
								拣选	封片	鉴定

表附 4-12　着生藻类实验数据表（正面）

页码＿＿＿／＿＿＿

溪流名称		位置	
位点＃	河长	溪流类型	
纬度	经度	流域	
STORET＃	批次编号	机构	
采集人姓名缩写　　　日期		鉴定人姓名缩写　　　日期	
软藻分样细胞数量　　□300　　□400　　□500　　□其他＿＿＿＿＿			

种类名称	计　数	编　号	细胞数量	TCR

注：可为每个种类或实验室整体确定分类确定性等级（TCR），TCR 范围为 1～5，1——最确定，5——最不确定。如果等级为 3～5，给出理由。丝状藻类的细胞数量是相对生物量的估计值。

藻类细胞总数＿＿＿＿＿属总数＿＿＿＿＿种类总数＿＿＿＿＿

表附 4-13 着生藻类实验数据表(背面)

溪流识别编码		计数日期	
计数截面长度		计数截面宽度	
盖玻片大小		样品总体积	
盖玻片上样品体积		样品稀释倍数	
计数样品比例		采样底质面积	
计数细胞总数		细胞总密度	

分类

ID _____
日期_____

解释 3~5TCR 等级:

其他说明(如藻类状态):

QC:□是　　□否　　　QC 检查人
　　　　　　　　　　　_____

藻类识别　　　　□合格　　　□不合格
是否完成查验　　□是　　　　□否

一般情况说明(空白处添加附加说明)

表附 4-14 底栖动物采样记录表

河、湖、库名称:　　　　　　　　　　　　　　　采样日期:

水体名称		采样点		样品编号	
采样时间		采样工具		采集面积	
该点采集次数		断面位置		固定剂	
天气		风力风向		底质	
水深/m		透明度/cm		流速/(m/s)	
气温/℃		水温/℃		pH	
底质类别	淤泥、泥沙、黏土、粗沙、石、岩石　其他:				
水草繁茂概括	一、十、十十、十十十:				
周围环境					
备　注					

记录日期:　　　　　　　　　　　　　　记录人:

表附 4－15　底栖动物调查表

河、湖、库名称：　　　　　　　采样日期：　　　　　　　采集工具：

项　目	采样点号	1	2	3	4	5	6	平均	备　注
软体动物	数量/(个/m²)								
	生物量/(g/m²)								
水生昆虫	数量/(个/m²)								
	生物量/(g/m²)								
水生寡毛类	数量/(个/m²)								
	生物量/(g/m²)								
其他	数量/(个/m²)								
	生物量/(g/m²)								

记录日期：　　　　　　　　　　记录人：

表附 4－16　大型水生植物调查表

河、湖、库名称：　　　　　　　　　　　　采样日期：

地点：＿＿＿＿到＿＿＿＿方位,估计＿＿＿＿＿＿km²,共采集＿＿＿次,共计采集面积＿＿＿＿＿m²

种类	采样点	1	2	3	4	5	6	实测平均值/g		g/m²		与总重量的百分比/%	
								湿重	干重	湿重	干重	湿重	干重
总　计													
备注	水深/m												
	透明度/cm												
	底质类型							采集工具名称及其面积/m²：					
	其他												

测定日期：　　　　　　　　　　记录人：

附录 5　浮游生物生物量计算

1. 浮游植物生物量的计算方法

浮游植物不同种类的个体大小相差悬殊,因此用数量表示现存量存在较大的片面性。由于浮游植物太小,很难直接称重,所以一般都通过计算和测量体积,并按密度值为 1 进行换算(浮游藻类密度与水相近)。

藻类平均生物体积由生物体的大小和形态决定,不同物种之间的差异很大。在某些情况下,藻类的外形近似于简单的三维图形,如球状(小球藻属 *Chlorella*)和棒状(直链藻属 *Melosira*),也存在比较复杂的形状(角藻属 *Ceratium* 和马鞍藻属 *Campylodiscus*)。团块状藻类如微囊藻属 *Microcystis* 的平均生物体积计算则会遇到很多问题,因为它们的形状和大小通常很不规则,变化很大,但同时往往对水体浮游植物生物量贡献很大。

个体种类平均生物体积的计算可以通过测量生物体的尺寸大小得出,此时将生物看做一个简单的几何图形或者一些几何图形的组合。图附 5-1 中给出了一些标准细胞形状、主要尺寸大小、几何计算公式和代表种类的范例,表附 5-1 中列出了一部分常见的浮游植物的生物体积。Hillebrand et al. (1999)通过显微镜观察测量得出了计算超过 850 种浮游和底栖藻类的生物体积所能用到的几何形状和数学公式。表附 5-2 给出了浮游植物细胞平均湿重。

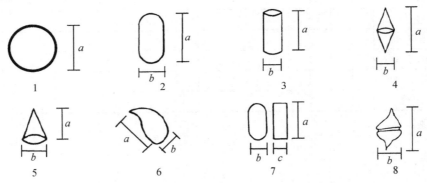

图附 5-1　藻类生物体积计算的标准形态(引自 Hillebrand et al.,1999)

1. 球形(如:球囊藻 *Sphaerocystis schroeteri*)$V = \pi a^3/6$;2. 椭球形(如双对栅藻 *Scenedesmus bijuga*,裸藻 *Euglena*)$V = \pi ab^2/6$;3. 圆柱体(如颗粒直链藻 *Melosira granulata*,小环藻 *Cyclotella*)$V = \pi ab^2/4$;4. 双锥体(如镰形纤维藻 *Ankistrodesmus falcatus*)$V = \pi ab^2/12$;5. 单锥体(如:飞燕角藻的角 Horn of *Ceratium hirundinella*)$V = \pi ab^2/12$;6. 椭球-圆锥体(如隐藻门的小形红胞藻 *Rhodomonas minuta*,黄群藻 *Synura*)$V = [\pi b^2 (a+b/2)]/12$;7. 不规则形(如:曲壳藻 *Achnanthes*)$V = \pi bc(a/4 + b/6)$;8. 不规则形(如:多甲藻 *Peridinium*)$V = \pi ab^2/9$

尽管可以通过文献资料,获得一些特定种类的几何形状,从而计算出特定的生物体积,但是最好还是对每一个浮游植物样品进行重新计算,且使用活体。应该注意的是,某一特定种类的生物体积在同一湖泊内会产生水平变化,水柱垂直变化和季节的时间变化。即便是在一个单一的微生物群,也会由于不同的细胞周期阶段产生不同的生物体积。所以在计算某一种类的生物体积时,应该对该类群的一系列细胞进行线性测量,拍摄的图像应该包括不同细胞的不同方向,如此才能够得出最适合该类群细胞的几何形状或测量方法。对于那些细胞形态比较特殊、不能够用一般的几何公式来计算的种类(如桥弯藻属 *Cymbella* 和双眉藻属 *Amphora*)就只能估算了。利用模型来计算体积也是非常有效的一种方法(引自 Bellinger,1974)。

表附 5-1 一些常见浮游植物的体积(引自 Bellinger et al.,2011)

属 种 名 称	生物体积(μm^3)
硅藻门 Bacillariophyta	
美丽星杆藻 *Asterionella Formosa*	5 040*
颗粒直链藻	110 000*
颗粒直链藻最窄变种 *Melosira granulata* var. *angustissima*	8 500*
小环藻属(大)*Cyclotella* sp. (large)	1 000
小环藻属(小)*Cyclotella* sp. (small)	160
广缘小环藻	900
梅尼小环藻	1 000
小环藻变种	60
直链藻属 *Melosira* sp.	16 000*
菱形藻属 *Nitzschia* sp.	300
针杆藻属 *Synedra* sp.	600
针杆藻	1 000
冠盘藻属 *Stephanodiscus* sp.	380
极小冠盘藻 *Stephanodiscus rotula*	25 000
窗格平板藻 *Tabellaria fenestriata*	950
窗格平板藻星形变种 *Tabellaria enestrate* var. *asterionelloides*	7 125*
绿藻门 Chlorophyta	
星列藻属 *Actidesmiun* sp.	1 050*
锚藻属 *Ankyra* sp.	40
衣藻属 *Chlamydomonas* sp.	100
小球藻属 *Chlorella* sp.	30
腔节藻属 *Coelarthrum* sp.	6 500
网球藻属 *Dictyosphaeria* sp.	1 500*
纺锤藻 *Elakatothrix gelatinosa*	170
单针藻属 *Monoraphaerium* sp.	45
微芒藻属 *Micractinium* sp.	1 440*
空球藻属 *Eudorina* sp.	5 600*
二角盘星藻 *Pediastrum duplex*	16 000*
斜生栅藻 *Scenedesmus obliqnus*	160*
四尾栅藻 *Scenedesmus quadricauda*	160*
球囊藻属 *Sphaeocystis* sp.	160*
角星鼓藻属 *Staurastrum* sp.	3 100(2semicells)

续　表

属　种　名　称	生物体积(μm^3)
隐藻门 Cryptophyta	
隐藻属 *Cryptomonas* sp.	1 050
小红胞藻属 *Rhodomonas minuta*	140
蓝藻门 Cyanophyta	
鱼腥藻属 *Anabaena* sp.	2 165*
水华束丝藻 *Alphanizomenon flos-aquae*	1 520*
隐球藻属 *Aphanocapsa* sp.	6 000*
粘球藻属 *Gloeocapsa* sp.	500
束球藻属 *Gomphosphaeria* sp.	55 000*
微囊藻属 *Microcystis* sp.	77 120*
颤藻属 *Oscillatoria* sp.	800
集球藻属 *Synechococcus*	20
甲藻门 Dinophyta	
飞燕角甲藻 *Ceratium hirundinella*	41 400
腰带多甲藻 *Peridinium cinctum*	48 000

注：有*的表示群体的生物体积，其他为单个细胞体积。

表附 5 - 2　浮游植物细胞平均湿重(引自赵文,2005)　　　(单位：mg/10^4个)

种　　　类	拉　丁　文	小	中	大
蓝藻门	**Cyanophyta**			
类颤藻鱼腥藻	*Anabaena oscillarioides*		0.001 5	
针晶蓝纤维藻	*Dactylococcopsis rhaphidioides*		0.000 3	
大螺旋藻	*Spirulina major*		0.007 7	
小席藻	*Phormidium tenue*		0.002	
蓝球藻	*Chroococcus* sp.	0.000 1	0.000 5	0.002
颤藻(丝状体)	*Oscillatoria* sp.	0.003	0.01	0.05
银灰平裂藻	*Merismopedia glauca*	0.000 06		
点形平裂藻	*Merismopedia punctata*	0.000 03		
细小平裂藻	*Merismopedia minima*	0.000 001		
优美平裂藻	*Merismopedia elegans*	0.000 65		
小形色球藻	*Chroococcus minor*	0.000 74		
湖沼色球藻	*Chroococcus limneticus*	0.000 5		
微小色球藻	*Chroococcus minutus*		0.002	
小颤藻	*Oscillatoria tenuis*		0.01	
美丽颤藻	*Oscillatoria formosa*		0.01	
阿氏颤藻	*Oscillatoria agardhii*		0.01	
巨颤藻	*Oscillatoria princeps*			6
点状黏球藻	*Gloeocapsa punctata*	0.000 000 2		
螺旋鱼腥藻	*Anabaena spiroides*	0.000 5		

续　表

种　　类	拉　丁　文	小	中	大
水华束丝藻	*Aphanizomenon flos-aquae*		0.02	
中华尖头藻	*Raphidiopsis sinensia*	0.000 25		
螺旋鞘丝藻	*Lyngbya contarata*	0.000 25		
马氏鞘丝藻	*Lyngbya martensiana*		0.01	
不定腔球藻	*Coelosphaerium dubium*		0.03	
线形黏杆藻	*Cloeothece linearis*	0.000 06		
格孔隐杆藻	*Aphanothece clathrata*	0.000 06		
金藻门	**Chrysophyta**			
变形单边金藻	*Chromulina pascheri*		0.004	
卵形单边金藻	*Chromulina ovalis*	0.001 6		
分歧锥囊藻	*Dinobryon divergens*		0.008	
变形棕鞭藻	*Ochromonas mutabilis*		0.001	
球等鞭金藻	*Isochrysis galbana*	0.000 65		
小三毛金藻	*Prymnesium parvum*		0.003	
等鞭金藻	*Isochrysis* sp.	0.001	0.003	0.007
鱼鳞藻	*Mallomonas* sp.	0.005	0.03	
锥囊藻	*Dinobryon* sp.	0.007	0.01	
黄群藻(群体)	*Synura* sp.		0.12	
黄藻门	**Xanthophyta**			
小型黄管藻	*Ophiocytium parvulum*		0.002	0.015
具针刺棘藻	*Centritractus belonophorus*		0.016	
黄丝藻	*Tribonema* sp.		0.01	
近缘黄丝藻	*Trbonema affine*		0.01	
膝口藻	*Gonyostomum semen*		0.05	0.002
隐藻门	**Cryptophyta**			
卵形隐藻	*Cryptomonas ovata*		0.02	
尖尾蓝隐藻	*Chroomonas acuta*		0.001	
啮蚀隐藻	*Cryptomonas erosa*		0.02	
隐藻	*Cryptomonas* sp.	0.01	0.02	
蓝隐藻	*Chroomonas* sp.	0.000 5	0.001	
天蓝胞藻	*Cryanomonas coerulea*		0.009	0.04
甲藻门	**Pyrrophyta**			
多甲藻	*Peridinium* sp.	0.05	0.09	
光甲藻	*Glenodinium gumnodinium*		0.04	
蓝色裸甲藻	*Gymnodinium coeruleum*		0.008	0.12
飞燕角藻	*Ceratium hirudinella*			
角藻	*Ceratium* sp.		0.5	
原甲藻	*Prorocentrum* sp.		0.028	
硅藻门	**Bacillariophyta**			
具星小环藻	*Cyclotella stelligera*	0.001 25		0.5

续　表

种　　类	拉　丁　文	小	中	大
孟氏小环藻	*Cyclotella meneghiniana*		0.02	
小环藻	*Cyclotella* sp.	0.003	0.007	
菱形藻	*Nitzschia* spp.	0.003	0.01	
长菱形藻	*Nitzschia longissima*		0.006	0.02
弯端长菱形藻	*Nitzschia longissima* f. reversa		0.006	0.02
洛氏菱形藻	*Nitzschia lorenziana*		0.286	
肋缝菱形藻	*Nitzschia frustulum*		0.005	
近缘针杆藻	*Symedra affinis*		0.06	
尖针杆藻	*Synedra acus*		0.06	
针杆藻	*Synedra* sp.	0.005	0.06	
扁圆卵形藻	*Cocconeis placentula*		0.006	
双头辐节藻	*Stauroneis anceps*		0.0017	0.06
系带舟形藻	*Navicula cincta*		0.00325	
喙头舟形藻	*Navicula rhynchocephala*		0.03	
舟形藻	*Navicula* sp.	0.015	0.03	
嗜盐舟形藻	*Navicula halophila*		0.047	
大羽纹藻	*Pinnularia major*		0.42	0.3
绿羽纹藻	*Pinnularia viridis*		0.42	
脆杆藻	*Fragilaria* sp.		0.001	
异极藻	*Gomphonema* sp.		0.01	
牟氏角毛藻	*Chaetoceros muelleri*		0.0014	
小桥弯藻	*Cymbella pusilla*		0.001	
桥弯藻	*Cymbella* sp.	0.001	0.02	
尖布纹藻	*Gyrosigma acuminatum*			
卵形双菱藻	*Surirella ovata*		0.02	0.08
翼状茧形藻	*Amphiprora alata*		0.28	0.4
湖沼圆筛藻	*Coscinodiscus lacustris*		0.02	
星杆藻	*Asterionella* sp.		0.005	
岛直链藻	*Melosira islandica*		0.003	
颗粒直链藻	*Melosira granulata*	0.007	0.03	
变异直链藻	*Melosira varians*		0.006	
美丽星杆藻	*Asterionella formosa*		0.005	0.06
披针弯杆藻	*Achnanthes lanceolata*		0.003	
卵圆双眉藻	*Amphora ovalis*		0.015	
平板藻	*Tabellaria* sp.		0.03	
等片藻	*Diatoma* sp.		0.03	
草履波纹藻	*Cymatopleura solea*			8
长等片藻	*Diatoma elongatum*		0.01	
裸藻门	**Euglenopghyta**			
绿裸藻	*Euglena viridis*	0.04	0.08	0.6

续　表

种　类	拉　丁　文	小	中	大
壳虫藻	*Trachelomonas* sp.	0. 002	0. 02	0. 06
血红裸藻	*Euglena sanguinea*	0. 15	0. 6	1. 0
尖尾裸藻	*Euglena oxyuris*		0. 15	
梭形裸藻	*Euglena acus*		0. 04	
多形裸藻	*Euglena polymorpha*			0. 2
矩圆囊裸藻	*Trachelomonas oblonga*		0. 002	
旋转囊裸藻	*Trachelomonas volvecina*		0. 03	
不定囊裸藻	*Trachelomonas incertissima*		0. 004	
具瘤陀螺藻	*Strombomonas verrucosa*		0. 04	
囊状柄裸藻	*Colacium vesiculosum*		0. 04	
鳞孔藻	*Lepocinclis* sp.	0. 03		0. 2
双鞭藻	*Eutreptia viridis*		0. 002 2	
尖尾扁裸藻	*Phacus acuminatus*		0. 06	
颤动扁裸藻	*Phacus oscillans*		0. 027	
钩状扁裸藻	*Phacus hamatus*			0. 3
旋形扁裸藻	*Phacus helicoides*		0. 03	
梨形扁裸藻	*Phacus pyrum*		0. 03	
椭圆鳞孔藻	*Lepocinclis steinii*		0. 03	
弦月藻	*Menoidium pellucidum*		0. 04	
绿藻门	**Chlorophyta**			
四鞭藻	*Collodictyon triciliatum*		0. 05	
绿球藻	*Chlorococcum* sp.		0. 005	
衣藻	*Chlamydomonas* sp.	0. 003	0. 01	0. 05
德巴衣藻	*Chlamydomonas debaryana*		0. 02	
莱哈衣藻	*Chlamydomonas reinhardi*		0. 02	
壳衣藻	*Phacotus lenticularis*		0. 02	
娇柔塔胞藻	*Pyramidomonas delicatula*		0. 02	
普通小球藻	*Chlorella vulgaris*	0. 000 2		
蛋白核小球藻	*Chlorella pyrenoidesa*	0. 000 15		
椭圆小球藻	*Chlorella ellipsoidea*	0. 000 2		
网球藻	*Dictyosphaerium* sp.	0. 000 6	0. 001	0. 003
空星藻	*Coelastrum* sp.	0. 001	0. 003	0. 008
卵囊藻	*Oocystis* sp.	0. 002	0. 005	0. 01
纤维藻	*Ankistrodesmus* sp.	0. 000 3	0. 002	0. 02
栅藻	*Scenedesmus* sp.	0. 000 5	0. 000 2	0. 01
板星藻	*Mougeotia* sp.	0. 001	0. 01	0. 02
规则四角藻	*Tetraedrom regulare*		0. 003	
具尾四角藻	*Tetraedrom caudatum*		0. 003	
心形扁藻	*Platymonas cordiformis*		0. 012	
尖细栅藻	*Scenedesmus acuminatus*	0. 000 8		

种　类	拉　丁　文	小	中	大
四尾栅藻	*Scenedesmus quadricauda*	0.000 5		
二形栅藻	*Scenedesmus dimorphus*	0.000 5		
双对栅藻	*Scenedesmus bijuga*	0.000 5		
斜生栅藻	*Scenedesmus obliquus*	0.005		
实球藻	*pandorina morum*		0.04	
华美十字藻	*Crucigenia lauterbornei*		0.001	
四角十字藻	*Crucigenia quadrata*		0.001	
十字藻	*Crucigenia apiculata*		0.001	
湖生卵囊藻	*Oocystis lacustris*		0.004	
盐生杜氏藻	*Dunaliella salina*		0.001	
扭曲蹄形藻	*Kirchneriella contorta*	0.000 2		
肥壮蹄形藻	*Kirchneriella obesa*		0.001	
蹄形藻	*Kirchneriella lunaris*	0.000 5		
短棘盘星藻	*Pediastrum boryanum*		0.01	
双射盘星藻	*Pediastrum biradiatum*		0.002	
镰形纤维藻	*Ankistrodesmus falcatus*		0.002	
湖生四胞藻	*Tetraspora lacustris*	0.000 75		
韦氏藻	*Westella botryoides*	0.000 2		
小孢空星藻	*Coelastrum microporum*		0.003	
空星藻	*Coelastrum sphaericum*		0.003	
月牙藻	*Selenastrum bibraianum*		0.001	
集星藻	*Actinastrum hantzschii*		0.001	
梨形四丝藻	*Tetramitus pyriformis*		0.001	
长绿梭藻	*Chlorogonium elongatum*		0.003	
狭形小椿藻	*Characium angustum*		0.008	
湖生小椿藻	*Charatinium limneticum*		0.008	
螺旋弓形藻	*Schroederia spiralis*		0.003	
微芒藻	*Micractinium pusillum*		0.002	
异刺四星藻	*Tetrastrum heterocanthum*	0.000 8		
短棘四星藻	*Tetrastrum staurogeniae*	0.000 8		
美丽胶网藻	*Dictyosphaerium pulchellum*		0.001	
胶囊藻	*Gloeocystis* sp.	0.000 4		
不定凹顶鼓藻	*Euastrum dubium*	0.000 6		
近膨胀鼓藻	*Cosmarium subtumidum*	0.000 5		
水绵	*Spirogyra* sp.		0.02	
刚毛藻	*Cladophora* sp.		0.02	
水网藻	*Hydrodictyon reticulatum*		0.06	
小新月藻	*Closterium venus*		0.08	
肾形藻	*Nephrocytium agardhianum*		0.007	
胶球藻	*Coccomyxa dispar*		0.004	
空球藻	*Eudorina elegans*		0.02	

2. 浮游动物生物量的计算

（1）体积法（该方法主要适用原生动物和轮虫）

把生物体视为一个近似几何图形，按求积公式获得生物体积，并假定密度为1，这就得到体重。

原生动物体积近似计算公式：

$$V = 0.52 \times a \times b^2$$

式中，V 为原生动物体积，单位为 μm^3；a 为体长，单位为 μm；b 为体宽，单位为 μm。

轮虫体积近似计算公式：轮虫的体形有圆形、椭圆形、球形、矩形、锥形等，在活体情况下，在解剖镜下将所需的轮虫种类用毛细管吸出，放在载玻片上，加入适量的麻醉剂（如苏打水），使其呈麻醉状态；或将玻片上的水徐徐吸去，吸到轮虫只能做微小范围运动为止，然后把载玻片放在显微镜下（不加盖玻片），用目测微尺测量其长和宽；轮虫的厚度亦可通过显微镜微调进行近似测量。表附 5-3 给出了轮虫求积公式。

表附 5-3　常见轮虫求积公式（引自张宗涉，1995）

种　类	几何图形及计算公式	简化公式	
		当	则
长三肢轮虫 Filinia longiseta	变形椭圆形，$V = 0.52ab^2$	$b = 0.5a$	$V = 0.13a^3$
较大三肢轮虫 F. major	变形椭圆形，$V = 0.52ab^2$	$b = 0.47a$	$V = 0.12a^3$
螺形龟甲轮虫（有棘）Keratella cochlearis	1/2 锥形，$V = 0.13ab^2$	$b = 0.41a$	$V = 0.02a^3$
螺形龟甲轮虫（无棘）K. cochlearis	1/2 椭圆形，$V = 0.52abc$	$b = 0.56a, c = 0.45a$	$V = 0.13a^3$
矩形龟甲轮虫 K. quadrata	平行六面体，$V = abc$	$b = 0.7a, c = 0.33a$	$V = 0.23a^3$
曲腿龟甲轮虫 K. valga	平行六面体，$V = abc$	$b = 0.64a, c = 0.37a$	$V = 0.24a^3$
蹄形腔轮虫 Lecane ungulate	一般椭圆形，$V = 0.52abc$	$b = 0.8a, c = 0.4a$	$V = 0.17a^3$
尖趾单趾轮虫 Monostlyla closterocerca	一般椭圆形，$V = 0.52abc$	$b = 0.8a, c = 0.4a$	$V = 0.17a^3$
梨形单趾轮虫 M. priformis	一般椭圆形，$V = 0.52abc$	$b = 0.8a, c = 0.4a$	$V = 0.17a^3$
奇异六腕轮虫 Hexarthra mira	锥形，$V = 0.26ab^2$	$b = 0.75a$	$V = 0.13a^3$
玫瑰旋轮虫 Philodina roseola	锥形，$V = 0.26ab^2$	a, b 必须逐个测量	
针簇多肢轮虫 Polyarthra trigla	平行六面体，$V = abc$	$b = 0.68a, c = 0.39a$	$V = 0.27a^3$
沟痕泡轮虫 Pompholyx sulcata	圆柱形，$V = 0.4abc$	$b = 0.7a, c = 0.5a$	$V = 0.15a^3$
前额犀轮虫 Rhinoglena frontalis	1/2 锥形，$V = 0.26ab^2$	a, b 必须逐个测量	
臂尾裂足轮虫 Brachinus diversicornis	一般椭圆形，$V = 0.52abc$	$b = 0.8a, c = 0.4a$	$V = 0.06a^3$
梳状疣毛轮虫 Synchaeta pectinata	圆柱形＋锥形，$V = 0.52ab^2$	a, b 必须逐个测量	
尖尾疣毛轮虫 S. tremula	圆形，$V = 0.26ab^2$	a, b 必须逐个测量	
长圆疣毛轮虫 S. oblonga	圆柱形＋锥形，$V = 0.52ab^2$	a, b 必须逐个测量	
脾状四肢轮虫 Tetramastix opoliensis	圆柱形＋锥形，$V = 0.52ab^2$	a, b 必须逐个测量	
刺盖异尾轮虫 Trichocerca capucina	圆柱形＋锥形，$V = 0.52ab^2$	a, b 必须逐个测量	
暗小异尾轮虫 T. pusilla	圆柱形＋锥形，$V = 0.52ab^2$	a, b 必须逐个测量	
裂痕龟纹轮虫 Anuraeopsis fissa	截锥形，$V = 0.33abc$	$b = 0.5a, c = 0.2a$	$V = 0.03a^3$

续　表

种　类	几何图形及计算公式	简化公式 当	则
卜氏晶囊轮虫 *Asplanchna brightwelli*	变形椭圆形 $V = 0.52ab^2$	$b = 0.62a$	$V = 0.2a^3$
前节晶囊轮虫 *A. priodonata*	变形椭圆形 $V = 0.52ab^2$	$b = 0.63a$	$V = 0.21a^3$
角突臂尾轮虫 *Brachionus angularis*	一般椭圆形，$V = 0.52abc$	$b = 0.76a, c = 0.39a$	$V = 0.15a^3$
萼花臂尾轮虫 *B. calyciflorus*	一般椭圆形，$V = 0.52abc$	$b = 0.65a, c = 0.37a$	$V = 0.13a^3$
剪形臂尾轮虫 *B. forficula*	一般椭圆形，$V = 0.52abc$	$b = 0.6a, c = 0.4a$	$V = 0.12a^3$
壶状臂尾轮虫 *B. urceolaris*	一般椭圆形，$V = 0.52abc$	$b = 0.82a, c = 0.38a$	$V = 0.14a^3$
敞水胶鞘轮虫 *Collotheca pelagica*	锥形，$V = 0.26ab^2$	$a = 6.5b$	$V = 1.7b^3$
独角聚花轮虫（个体）*Conochilus unicornis*	锥形，$V = 0.26ab^2$	a, b 必须逐个个体测量	
独角聚花轮虫（群体）	球形 $V = 4.2a^3$		
田奈同尾轮虫 *Diurella Dixon-nuttalli*	圆柱形＋锥形，$V = 0.52ab$	a, b 必须逐个个体测量	
对棘同尾轮虫 *D. stylata*	圆柱形＋锥形，$V = 0.52ab$	a, b 必须逐个个体测量	
大肚须足轮虫 *Euchlanis dilatata*	1/2 一般椭圆形，$V = 0.52abc$	$b = 0.59a, c = 0.31a$	$V = 0.01a^3$

（2）体长与体重回归方程法

甲壳动物体重的测定方法：把新鲜的或用福尔马林固定的标本（如为固定标本则需要在水中漂洗 1 h），通过不同孔径的铜筛作初步分级，筛选出不同的长度组。然后在解剖镜下，仔细挑选体型正常，长度接近的个体集中在一起，枝角类测量从头部顶端（不含头盔）至壳刺基部长度；桡足类则测量从头部顶端至尾末端的长度，把同一长度组的个体放在已称至恒重的已编号薄玻片上（玻片越轻越好），根据个体的大小确定称重个体的数目，一般分为 30~50 个，体长小于 0.8 mm 的个体则称重 150 个以上。如有精度为 0.1 μg 的电子天平，则称重个体可适当减少。把待称重的标本选好后，用滤纸吸到没有水痕的程度，迅速在天平上先称其湿重；然后在恒温干燥箱中（70℃左右）干燥 24 h 后，再放在干燥器中 2 h，之后再把样品放在天平上称其干重，并应用统计方法获得相应的体长-体重回归方程式。表附 5-4 中列出了甲壳动物的体长-体重回归方程。表附 5-5 给出了浮游动物平均湿重的相关数据。

表附 5-4　常见枝角类和桡足类的体长-体重回归方程及换算（引自黄祥飞，1999）

体长(L)	溞属 $W = 0.75L^{2.8501}$	裸腹溞属 $W = 0.083L^{2.3814}$	秀体溞属 $W = 0.42L^{1.7300}$	薄皮溞属 $W = 0.0189L^{2.3660}$	象鼻溞属 $W = 0.1845L^{2.6723}$	桡足类 $W = 0.0285L^{2.9505}$
0.30					0.007	
0.40					0.016	0.002
0.50	0.010	0.009	0.013		0.029	0.004
0.60	0.017	0.016	0.018		0.047	0.006
0.70	0.027	0.025	0.023		0.051	0.010
0.80	0.040	0.036	0.029		0.102	0.015
0.90	0.055	0.065	0.036		0.139	0.021
1.00	0.075	0.083	0.042		0.185	0.029
1.10	0.098	0.104	0.050			0.038

续表

体长(L)	潘属 $W=0.75L^{2.8501}$	裸腹潘属 $W=0.083L^{2.3814}$	秀体潘属 $W=0.42L^{1.7300}$	薄皮潘属 $W=0.0189L^{2.3660}$	象鼻潘属 $W=0.1845L^{2.6723}$	桡足类 $W=0.0285L^{2.9505}$
1.20	0.126		0.058			0.050
1.30	0.158		0.067			0.063
1.40	0.195		0.076			0.078
1.50	0.238					0.096
1.60	0.286					0.116
1.70	0.339					0.139
1.80	0.400			0.076		0.164
1.90	0.466			0.086		0.193
2.00	0.539			0.098		0.224
2.10	0.620			0.109		
2.20	0.708			0.122		
2.30				0.136		
2.40				0.156		
2.50				0.165		
3.00				0.254		
4.00				0.502		
5.00				0.852		

注：L 单位为 mm；W 单位为 mg；从甲壳动物的术语而言，潘属枝角类，蚤属桡足类。

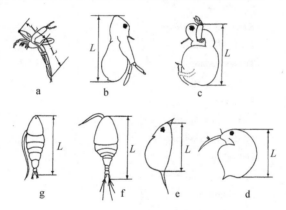

图附 5-2　枝角类、桡足类体长测定方法
a. 透明薄皮潘；b. 秀体潘；c. 裸腹潘；d. 象鼻潘；e. 潘；f. 剑水蚤；g. 哲水蚤

注意事项：① 原生动物、轮虫的体长、体宽、体厚的测定必须在活体状态下进行。② 关于无节幼体的计数问题：无节幼体是桡足类的幼体，据初步统计它们的数量占整个桡足类总数的 40%～90%。无节幼体一般很小，与轮虫相差无几，甚至有的还小于轮虫和原生动物。在样品中如果无节幼体数量不多，可和枝角类、桡足类一样全部计数；如果无节幼体数量很多，全部过数花时间太多，那么可把过滤样品稀释到若干体积后，并充分摇匀，再取其中一部分计数，计数若干片取平均值，然后再换算成单位体积中个体数。无节幼体亦可在 1 L 沉淀样品中，用与轮虫相同的计数方法进行计数。③ 不论原

生动物、轮虫或甲壳动物,同一种类的体重有时差异很大,除方法上的问题外,生态环境的不同,亦是一个重要原因。因此,凡有条件的单位都应对研究水体中的浮游动物的优势种类进行测算。

表附 5 - 5　浮游动物平均湿重(引自黄祥飞,1999)　　　(单位:mg/个)

种　　类	拉　丁　名	平均湿重
原生动物	**Protozoa**	
四膜科	**Tetrahymenidae**	
吻状四膜虫	*Tetrahymena rostrata*	0.000 015
梨形四膜虫	*Tetrahymena pyriformis*	0.000 036
草履科	**Parameciidae**	
绿草履虫	*Paramecium bursaria*	0.001 3
尾草履虫	*Paramecium caudatum*	0.001 3
瓜形膜袋虫	*Cyclidium citrullus*	0.000 007
苔藓膜袋虫	*Cyclidium muscicola*	0.000 001 7
鞭膜袋虫	*Cyclidium flagellatum*	0.000 001 7
银灰膜袋虫	*Cyclidium glaucoma*	0.000 001 2
小口钟虫	*Vorticella microstoma*	0.000 014
钟形钟虫	*Vorticella campanula*	0.000 014
树状聚缩虫	*Zoothamnium arbuscula*	0.000 02
累枝科	**Epistylidae**	
无秒累枝虫	*Epistylis anastatica*	0.000 002
湖生累枝虫	*Epistylis lacustris*	0.000 002
车轮科	**Trichodinidae**	
车轮虫	*Trichodina* sp.	0.000 037
喇叭科	**Stentoridae**	
紫晶喇叭虫	*Stentor amethystinus*	0.000 05
多形喇叭虫	*Stentor multimormis*	0.000 03
弹跳科	**Halteriidae**	
大弹跳虫	*Halteria grandinella*	0.000 003
急游科	**Stormbidiidae**	
绿急游虫	*Strombidium viride*	0.000 03
侠盗科	**Strobilidiidae**	
旋回侠盗虫	*Strobilidium gyrans*	0.000 03
具柄侠盗虫	*Strobilidium calkinsi*	0.000 015
尖毛科	**Oxytrichadae**	
欠安尖毛虫	*Oxytricha inquieta*	0.000 8
游仆科	**Euplotidae**	
土生游仆虫	*Euplotes terricola*	0.000 016
阔口游仆虫	*Euplotes eurydtomus*	0.000 45
拟急游虫	*Strombidinopsis* sp.	0.000 001 5

续　表

种　　类	拉　丁　名	平均湿重
旋回拟急游虫	*Strombidinopsis gyrans*	0.000 02
淡水筒壳虫	*Tintinnisium fluviatile*	0.000 24
恩茨筒壳虫	*Tintinnisium entzii*	0.000 03
小筒壳虫	*Tintinnsdium pusillum*	0.000 03
中华拟铃虫	*Tintinnopsis sinensis*	0.000 03
锥形拟铃虫	*Tintinnopsis conicus*	0.000 02
拟铃壳虫	*Tintinnopsis* sp.	0.000 02
王氏拟铃虫	*Tintinnopsis wangi*	0.000 02
湖沼拟铃虫	*Tintinnopsis lacustris*	0.000 05
咽拟斜管虫	*Chilodonella vorax*	0.000 05
轮虫	**Rotifera**	
旋轮科	**Hablodinidae**	
转轮虫	*Rotaria rotatoria*	0.000 5
长足轮虫	*Rotaria neptunia*	0.000 5
玫瑰旋轮虫	*Philodina roseola*	0.000 236
晶囊轮科	**Asplanchnidae**	
卜氏晶囊轮虫	*Asplanchna brightwelli*	0.026
前节晶囊轮虫	*Asplanvhna priodonta*	0.016 74
臂尾轮科	**Brachionidae**	
椎尾水轮虫	*Epiphanes senta*	0.000 5
前额犀轮虫	*Rhinoglena frontalis*	0.000 353
爱德里亚狭甲轮虫	*Colurella adriatica*	0.000 045
钝角狭甲轮虫	*Colurella obtusa*	0.000 027
盘状鞍甲轮虫	*Lepadella patella*	0.000 3
似盘状鞍甲轮虫	*L. patella* f. *similis*	0.000 05
方块鬼轮虫	*Trichotria tetractis*	0.000 2
壶状臂尾轮虫	*Brachionus urceus*	0.001 02
角突臂尾轮虫	*Brachionus angularis*	0.000 24
萼花臂尾轮虫	*Brachionus calyciflorus*	0.002 5
剪形臂尾轮虫	*Brachionus forficula*	0.000 13
矩形臂尾轮虫	*Brachionus leydigi*	0.001 4
褶皱臂尾轮虫	*Brachionus plicatilis*	0.000 75
裂足臂尾轮虫	*Brachionus diversicornis*	0.000 5
方形臂尾轮虫	*Brachionus quadridentatus*	0.000 4
裂痕龟纹轮虫	*Anuraeopsis fissa*	0.000 013
螺形龟甲轮虫	*Keratella cochlearis*	0.000 027
曲腿龟甲轮虫	*Keratella valga*	0.000 3
矩形龟甲轮虫	*Keratella quadrata*	0.000 6
唇形叶轮虫	*Notholca labis*	0.000 12

种　　类	拉　丁　名	平均湿重
鳞状叶轮虫	*Nothoca squamula*	0.000 12
浮尖削叶轮虫	*Notholca acuminata* var. *limnetica*	0.000 12
长刺叶轮虫	*Notholca longispina*	0.002 5
大肚须足轮虫	*Euchlanis dilatata*	0.002 84
腔轮科	**Lecanidae**	
瘤甲腔轮虫	*Lacane nodosa*	0.000 06
月形腔轮虫	*Lecane luna*	0.000 17
蹄形腔轮虫	*Lecane ungulata*	0.001 7
月形单趾轮虫	*Monostyla lunaris*	0.000 07
囊形单趾轮虫	*Monostyla bulla*	0.000 1
尖角单趾轮虫	*Monostyla hamata*	0.000 1
尖趾单趾轮虫	*Monodtyla unguitata*	0.000 1
梨形单趾轮虫	*Monostyla puriformis*	0.001
椎轮科	**Notommatidae**	
简单前翼轮虫	*Proales simplex*	0.000 04
尾棘巨头轮虫	*Cephalodella sterea*	0.001
小链巨头轮虫	*Cephalodella catellina*	0.000 05
高跷轮虫	*Scarridium longicaudum*	0.000 2
腹尾轮科	**Gastropididae**	
卵形无柄轮虫	*Ascomorpha ovalis*	0.000 3
鼠轮科	**Trichocercidae**	
二突异尾轮虫	*Trivhocerca bicristata*	0.000 1
刺盖异尾轮虫	*Trivhocerca capucina*	0.000 046
暗小异尾轮虫	*Trichicerca pusilla*	0.000 05
对棘同尾轮虫	*Diurella stylata*	0.000 1
双齿同尾轮虫	*Diurella bedens*	0.000 103
田奈同尾轮虫	*Diurella dixonnuttalis*	0.000 2
疣毛轮科	**Synchaetidae**	
针蔟多肢轮虫	*Polyarthra trigla*	0.000 55
广布多肢轮虫	*Polyarthra vulgaris*	0.000 331
长圆疣毛轮虫	*Synchaeta oblonga*	0.001 58
尖尾疣毛轮虫	*Synchaeta stylata*	0.000 76
梳状疣毛轮虫	*Synchaeta pectinata*	0.005
赫氏皱甲轮虫	*Pleosoma hudsoni*	0.1
截头皱甲轮虫	*Pleosoma truncatum*	0.23
镜轮科	**Testudinellidae**	
大三肢轮虫	*Filinia major*	0.000 2
长三肢轮虫	*Filinia longiseta*	0.000 28
角三肢轮虫	*Filinia cornuta*	0.000 166

续　表

种　　类	拉　丁　名	平均湿重
沟痕泡轮虫	*Pompholyx sulcata*	0.000 127
扁平泡轮虫	*Pompholyx complanata*	0.000 127
微突镜轮虫	*Testudinella Mucronta*	0.000 4
环顶巨腕轮虫	*Hexarthra fennica*	0.000 3
奇异巨腕轮虫	*Hexarthra mira*	0.000 3
胶鞘轮科	**Collothecidae**	
多态胶鞘轮虫	*Collotheca ambigua*	0.000 21
枝角类	**Cladocera**	
仙达溞科	**Sididae**	
短尾秀体溞	*Diaphanosoma brachyurum*	0.03～0.006
长肢秀体溞	*Diaphanosoma leuchtenbergianum*	0.03～0.006
溞科	**Daphniidae**	
大型溞	*Daphnia magna*	0.9
蚤状溞	*Daphnia pulex*	0.2
隆线溞	*Daphnia carinata*	0.2
透明溞	*Daphnia hyaline*	0.05
长刺溞	*Daphnia longispina*	0.05
平突船卵溞	*Scapholeberis mucronata*	0.01
老年低额溞	*Simocephalus vetulus*	0.14
裸腹溞科	**Moinidae**	
微型裸腹溞	*Moina micrura*	0.01
直额裸腹溞	*Moina rectirostris*	0.1
象鼻溞科	**Bosminidae**	
象鼻溞	*Bosmina* sp.	0.03
粗毛溞科	**Macrothricidae**	
粗毛溞	*Macrothrix* sp.	0.03
盘肠溞科	**Chydoridae**	
矩形尖额溞	*Alona rectangula*	0.005
方形尖额溞	*Alona quadrangularis*	0.005
圆形盘肠溞	*Chydorus sphaericus*	0.01
虱形大眼溞	*Polyphemus pediculus*	0.01
桡足类	**Copepoda**	
细巧华哲水蚤	*Sinocalanus tenellus*	0.312
近邻剑水蚤	*Cyclops vicinus*	0.07
无节幼体	Nauplii	0.003
桡足幼体	Copepodid	0.02
剑水蚤幼体	Nauplii of Cyclops	0.01
锯缘真剑水蚤	*Eucyclops serrulatus*	0.015
台湾温剑水蚤	*Thermocyclops taihokuensis*	0.022

续　表

种　类	拉　丁　名	平均湿重
大型中镖水蚤	*Sinodia ptomus*	0.5
如愿真剑水蚤	*Eucyclops speratus*	0.015
透明温剑水蚤	*Thermocyclops hyalinus*	0.03
等刺温剑水蚤	*Thermocyclops kawamurai*	0.03